WERKSTATTBÜCHER

FÜR BETRIEBSANGESTELLTE, KONSTRUKTEURE UND FACHARBEITER. HERAUSGEGEBEN VON DR.-ING. H. HAAKE, HAMBURG

Jedes Heft 50—70 Seiten stark, mit zahlreichen Abbildungen

Die Werkstattbücher behandeln das Gesamtgebiet der Werkstatttechnik in kurzen selbständigen Einzeldarstellungen: anerkannte Fachleute und tüchtige Praktiker bieten hier das Beste aus ihrem Arbeitsfeld, um ihre Fachgenossen schnell und gründlich in die Betriebspraxis einzuführen.

Die Werkstattbücher stehen wissenschaftlich und betriebstechnisch auf der Höhe, sind dabei aber im besten Sinne gemeinverständlich, so daß alle im Betrieb und auch im Büro Tätigen, vom vorwärtsstrebenden Facharbeiter bis zum leitenden Ingenieur, Nutzen aus ihnen ziehen können.

Indem die Sammlung so den Einzelnen zu fördern sucht, wird sie dem Betrieb als Ganzem nutzen und damit auch der deutschen technischen Arbeit im Wettbewerb der Völker.

Einteilung der bisher erschienenen Hefte nach Fachgebieten

(Fortsetzung 3. Umschlagseite)

WERKSTATTBÜCHER

FÜR BETRIEBSANGESTELLTE, KONSTRUKTEURE UND FACH-
ARBEITER. HERAUSGEBER DR.-ING. H. HAAKE, HAMBURG

HEFT 46

Feilen

Von

Dr.-Ing. Bertold Buxbaum

Zivilingenieur

Zweite völlig neu bearbeitete Auflage
(7. bis 12. Tausend)

Mit 80 Abbildungen

Springer-Verlag

Berlin/Göttingen/Heidelberg

1955

Inhaltsverzeichnis.

ISBN-13: 978-3-540-01969-5   e-ISBN-13: 978-3-642-86690-6

DOI: 10.1007/978-3-642-86690-6

I. Einleitung.

Die Feile ist ein vielzahniges Schrupp- und Schlichtwerkzeug zur Erzeugung verschiedenster Formen aus weichen oder harten Werkstoffen, wobei dieses Erzeugen freihändig oder nachformend, von Hand oder maschinell erfolgt. In diesem Sinne konnte es entwicklungsmäßig erst Feilen geben, als man sich bestimmte Vorstellungen von der Form der Schneiden und Schneidzähne machte und bewußt Verfahren ersann, um diese Zähne fest mit dem Werkzeughalter zu verbinden bzw. aus diesem heraus zu bilden.

Von der Natur geschaffene oder regellose und dem Zufall überlassene Scherkörper (Fischhäute, Samenhülsen usw.) waren keine Feilen und dienten meist zum Glätten und Putzen von Nichtmetallen (Hartholz, Knochen, Horn). Hier konkurrierten die Vorläufer der Feilen mit den harten Schleifwerkzeugen, die entweder massiv und von der Natur gebunden (Sandstein, Schmirgelstein) oder lose (Scheuersand) oder auf Stoffe oder Papier geklebt (Sandpapier, Glaspapier) verwandt wurden und zwar für harte Materialien und für mittelharte. Näher kamen dem, was man heute Feilen nennt, die aus gehärtetem Kupfer- oder Bronzeblech gebogenen und vielfach gelochten Kratzbleche, ähnlich den aus der Küche bekannten Reibblechen, bei denen aber auch noch von einer gewollten und systematischen Zahnformung keine Rede war. Ein wesentlicher Unterschied zwischen „Feilen“ und „Schleifen“ bestand im Anfang nicht. Beide Bearbeitungen dienten in der Hauptsache dem Schlichten, denn zum Schruppen fehlten einerseits noch die Forderungen nach hochentwickelten Metallteilen, vor allem maßhaltigen, andererseits die systematisch gezahnten Feilwerkzeuge und zur Aufnahme und für den Antrieb der Schleifwerkzeuge geeignete maschinelle Einrichtungen. Zum Blankscheuern vorgeschmiedeter Geräte (Pflugscharen, Hau- und Stichwaffen, Rüstungen, Schmuck) genügten die vorhandenen primitiven Mittel. Um 800···700 v. Chr. setzte sich das Eisen als Werkzeugmaterial durch und damit auch die eiserne Feile in den verschiedensten, den späteren schon ähnlich aussehenden Formen, und etwa gleichzeitig auch das Hauen derselben.

Uralte primitive Voll- und Hohl-Ausbohrmethoden, z. B. mittels eines Röhrenknochens und aufgebrachten Wassers mit Sand in Feuerstein Axtlöcher auszubohren, also eine ausgesprochene Schrupparbeit, sind als Schleifverfahren anzusehen.

Die Schleifscheibe tat einen großen Schritt, um die Beschränktheit des regellosen Charakters der Schleifkörner auszugleichen: sie glich das durch die hauchdünnen Späne klein gehaltene Bearbeitungstempo aus durch gleichzeitiges Angreifen vieler Schleifkörner und durch eine Steigerung der Umfangsgeschwindigkeit, und zwar für das Sondergebiet der Scharfschleiferei. Die Funken spritzten, im Gegensatz zu anderen Arbeitsgebieten, denn bei diesem nichtmetallischen Werkzeug hatte man kein Ausglühen zu befürchten. Damit war der Schritt vom Nur-Schlichten zum Auch-Schruppen getan.

Um diesen gleichen Schritt, aber auf andere Weise, nämlich nicht durch Steigerung der Schnittgeschwindigkeit, sondern durch Vergrößerung des Spanes und durch Vermehrung der Späne ins Vielfache der gleichzeitig angreifenden Schneidzähne, konnte auch die Feile vom bis dahin üblichen Kratzen und Schaben zum Schruppen übergehen, aber erst dann, als die große Erfindung gemacht wurde: mittels Meißel und Hammer Riefen in den Eisen-, später Stahlkörper der Feile zu hauen und damit gleichzeitig Zahnlücke und Zahnform (Frei- und Spanwinkel) zu erzeugen, gestaltet durch die Form der Meißelschneide und die Schräghaltung des Meißels, also eine Zerspanungs- plus Verformungsarbeit! Es dauerte immerhin bis zum 10. Jahrhundert unserer Zeitrechnung, bis die Technologie reif geworden war für die Vollendung dieser großen mechanischen und hüttenmännischen Erfindung des ersten Formgebungswerkzeuges für kalte Materialien. Was nun entwickelt werden mußte, war die Vielfältigkeit des Hiebes und die Güte des Materials. Dabei blieb der bildhafte Sprachgebrauch altmodisch und verstand weiterhin unter dem „Befeilen“ und „den letzten Feilstrich geben“ das Schlichten an Stelle des mit der eigentlichen Feile doch schon möglich gewordenen Schruppens (ähnlich wie das „den letzten Schliff geben“). Die spätere Erfindung der gefrästen Feile liegt technologisch wieder ein wenig zurück, in der Richtung des Verzahnens, also rückwärts vom Hauen. — Grundsätzlich konnte das Einsetzen einzelner Schneidzähne in einen Grundkörper nicht vorankommen. Und grundsätzlich fand die Größe der Feilen stets darin eine Grenze, daß das mit beiden

---

Anmerkung: Die erste Auflage dieses Buches ist 1932 erschienen.

menschlichen Armen bewegte Feilwerkzeug eine Grenze an Antriebskraft und Zahngröße fand, im Gegensatz zu Schleifscheibe und Fräser, die maschinell bewegt werden und deshalb größer werden können.

Um die Arbeitsweise der Feile voll zu verstehen, muß man sich vor Augen halten, daß hier — ähnlich, aber verwickelter als beim Schaben — kein einfaches Übertragen der Werkzeugform auf das Werkstück vorliegt, sondern ein äußerst schwieriges Herausarbeiten der Form, das lange Übung von Hand, Arm und Auge erfordert und das Feilen zu einer hochwertigen Kunstfertigkeit macht. Alle unsere heutigen maschinellen Flächenbearbeitungen beruhen auf früher erzeugten Ebenen, die mit Meißel und Feile hergestellt wurden, wobei die Feile durchaus nicht immer die fertige Form des Werkstückes aufweist. Auf der Kunst, ebene Flächen zu feilen, beruht die Geschicklichkeit des Schlossers und ihre Übung auf der Entwicklung eines Instinktes, der, ähnlich der Kunst des Radfahrens, nicht erklärt und gelehrt werden kann. Für den Anfänger ist jedenfalls die Erzeugung einer genauen Fläche durch Feilen mit all seinen Mängeln (unregelmäßige Zahnhöhe, teilweise verstopfte Zahnlücken, zum Teil ausgebrochene Zähne) die Grundlage seiner Berufsbeherrschung. Schraubstock und Feile bleiben die Grundlage der Mechaniker-Ausbildung.

Die Schwierigkeiten dieses Handwerkzeuges sind einzigartig, und sie drücken sich auch dadurch aus, daß eine mechanische Werkstatt sich so gut wie nie zu einer Selbstherstellung ihrer Feilen herbeilassen wird, abgesehen von Sonderfällen, die eine Korrektur von käuflichen Feilenformen oder ein nachträgliches Biegen, Kerben oder Zuspitzen erfordern. Man kann sich einen hochwertigen Drehstahl, Fräser, Bohrer, eine Reibahle oder einen Gewindestahl selbst machen, nicht aber eine Feile.

Daß wir mit der Zahnform auch heute noch nicht am letzten Ziel sind, beweisen Inserate vom Juni und Mai 1951 (Machinery) aus dem Lande ungestörter Entwicklung (U.S.A.). Das eine sagt: „Dies ist die Feile, die schneidet statt zu schaben", das andere: „Diese Feile schneidet und glättet bei jedem Hub. Beide Schnittwirkungen erfolgen gleichzeitig, so als ob zwei getrennte Feilen zu gleicher Zeit arbeiten würden".

Wenn man die Entwicklung der verschiedensten Feilensorten in den Katalogen unserer Feilenhersteller verfolgt, bemerkt man Zunahmen und Abnahmen: Zunahmen bei den gefrästen und den maschinell betriebenen handgesteuerten Rundlauffeilen für den Gesenkbau, den Formenbau (z. B. der verschiedensten Kunstharzfabrikationen), Rundlaufraspeln für Holz, Gummi-Aufrauhraspeln für Vulkanisierungsarbeiten usw., — Abnahmen für die meisten Hand-Feil-Arbeiten. Sie sind in den letzten Jahrzehnten maschinisiert und dadurch von der Handgeschicklichkeit zum Teil unabhängig gemacht und beschleunigt worden, besonders für die Werkzeugmacherei, den Lehrenbau und den Schnittbau. Feil- und Sägemaschinen, Profilschleifmaschinen, Nachformfräsmaschinen und zahllose kleine Nachformapparate machen Massen von Feilen überflüssig.

Gußputzereien, Bauschlossereien und andere Handbetriebe sind nach wie vor Großverbraucher von Feilen, zum Teil auch die verschiedensten Reparaturbetriebe. Den Hauptbedarf bilden die mittelgroßen Werkstattfeilen und die (kleinen) Präzisionsfeilen, während schwere Feilen weniger stark gefragt sind als früher. Im großen ganzen gilt es für die Feile, ihr Feld möglichst zu behaupten, weniger, neue Gebiete zu erobern. Auf unabsehbare Zeit bildet jedenfalls auch die langgestreckte Feile einen sehr wichtigen Exportartikel, und Hieb, Material, Härtung und schöne Form geben den bewährten Feilenfabriken noch lange Gelegenheit, ihr Können unter Beweis zu stellen.

Bemerkenswert ist, daß die Wirkungsweise der Feilen im einzelnen relativ wenig bekannt ist, — vielleicht, weil die Verbraucher dieses Werkzeug für so einfach hielten, daß sie seine Formgebung dem Hersteller überließen und sich auf Bestellung nach Arbeitsmustern beschränkten. Daß aber auch viele Hersteller in die Einzelheiten der Arbeitsweise ihrer Erzeugnisse sehr wenig gründlich eingedrungen sind, wird dadurch belegt, daß die Zahnform, die Hiebwinkel und andere wichtige Kennzeichen der Feile fast überall verschieden sind, und zwar auch dann, wenn ein ganz bestimmter Verwendungszweck vorgesehen ist. Jeder Hersteller schwört auf die Überlegenheit seiner besonderen Formgebung innerhalb der von der Normung gezogenen Grenzen. Beweis und Gegenbeweis sind schwer zu erbringen, da Gewohnheit und praktische Übung eine große Rolle spielen. Bis vor wenigen Jahren erhielten die Zähne ihre Form kaum wesentlich anders als vor 200. Jahren. Auch die Einführung der Haumaschinen und der Feilmaschinen brachte außer der Temposteigerung keine merkliche Änderung der alten Grundlagen hervor. Auf den Fachschulen und in der Literatur wurde die Feile stiefmütterlich behandelt. Es ist natürlich falsch, jedes Gebiet, auch wenn es schon über 2000 Jahre alt ist, nach der Anzahl der bekannt gewordenen Neuerungen zu beurteilen. Alle Konstruktionen neigen einer Grenze zu, wie Fahrräder, Schreib- und Nähmaschinen sie wohl schon erreicht haben. Was dann kommt, ist die ständige Verbesserung von Material und Herstellung. Die Grenze bestimmt dann schon der gewohnte Preis, der ein Optimum setzt, über das hinauszugehen für den Durchschnittsverbraucher nicht lohnt. Eine gewisse Verbesserung des Gebietes hat die in den letzten Jahren erheblich fortgeschrittene Normung und Typisierung gebracht.

Die Feilenerzeugung ist in allen Ländern auf wenige Städte beschränkt, wo sie in den Händen von Sonderfachleuten liegt, die die Erfahrungen früherer Geschlechter meist kritiklos übernommen haben. Besonders das Fertigfeilen der Form, vor allem der Spitze, und das Hauen erfordern geübte Leute, und es ist für den Laien kaum vorstellbar, wie man beispielsweise eine große Schlichtfeile von Hand mit einem gleichmäßigen Hieb versehen oder bei einer nach der Spitze zu verjüngten Feile den Hieb nach der Angel zu an Tiefe und Abstand unter Beibehaltung des gleichen Schnittwinkels über die gekrümmte Fläche ganz stetig zunehmen lassen kann. An Einzeloperationen erfordert eine langgestreckte Feile etwa 25.

Früher arbeitete gewöhnlich der Vater mit den Söhnen zusammen in der Haustube seines Häuschens; die Kinder wurden schon im schulpflichtigen Alter zu leichten Arbeiten hinzugezogen.

Die Zahl der deutschen Feilenfabriken und Aufhauereien ist sehr groß, während Amerika nur verhältnismäßig wenige, aber große, Fabriken besitzt und nur wenig stumpf gewordene Feilen aufhaut.

Ein paar Bemerkungen noch für die geschichtlich Interessierten: Die Römer haben um den Beginn unserer Zeitrechnung den Schräghieb verwandt, und im 11. Jahrhundert n. Chr. trat die Stahlfeile an die Stelle der eisernen. Zu Beginn des 15. Jahrhunderts begann die handwerksmäßige Herstellung in Deutschland (Nürnberg), anfangs des 17. Jahrhunderts trat England auf diesem Gebiete an die erste Stelle. Bis um das Jahr 1800 wurden die meisten Länder von England aus mit Feilen versorgt; seitdem aber begannen Frankreich, die Schweiz, Deutschland, zuletzt auch Amerika sich auf eigene Füße zu stellen. Um das Jahr 1873 wurde in Deutschland die erste Haumaschine englischen Fabrikates, die aber noch sehr primitiv war, anläßlich eines Streiks eingeführt. Nach Beendigung des Streiks kehrte man allgemein zur Handarbeit zurück, und erst nach einem zweiten großen Streik im Jahre 1890 wurde die Verwendung verbesserter Haumaschinen allgemein. Seitdem ist die Handherstellung stetig zurückgegangen. Seit etwa dem gleichen Zeitpunkt vollzog sich fast allgemein die Umwandlung von der Hausindustrie zum Werkstätten- und Fabrikbetrieb. Amerika hat übrigens nie viel mit der Hand gehauen. Lange Zeit waren an Uhrmacherfeilen besonders Pariser und schweizer Fabrikate beliebt; in den letzten 3 Jahrzehnten haben sich aber auch deutsche Werke mit Erfolg auf die Herstellung feiner Präzisionsfeilen verlegt und in den meisten Sorten die guten schweizer Gütegrade zu wesentlich niedrigeren Preisen erreicht.

II. Feilensorten.

1. Handbewegte Langfeilen, gehauen. Eine Auswahl verschiedener Formen gehauener Feilen wird in den Abbildungen 1 bis 20 wiedergegeben. Darüber hinaus gibt es noch Nadelfeilen, Riffelfeilen und Sonderfeilen.

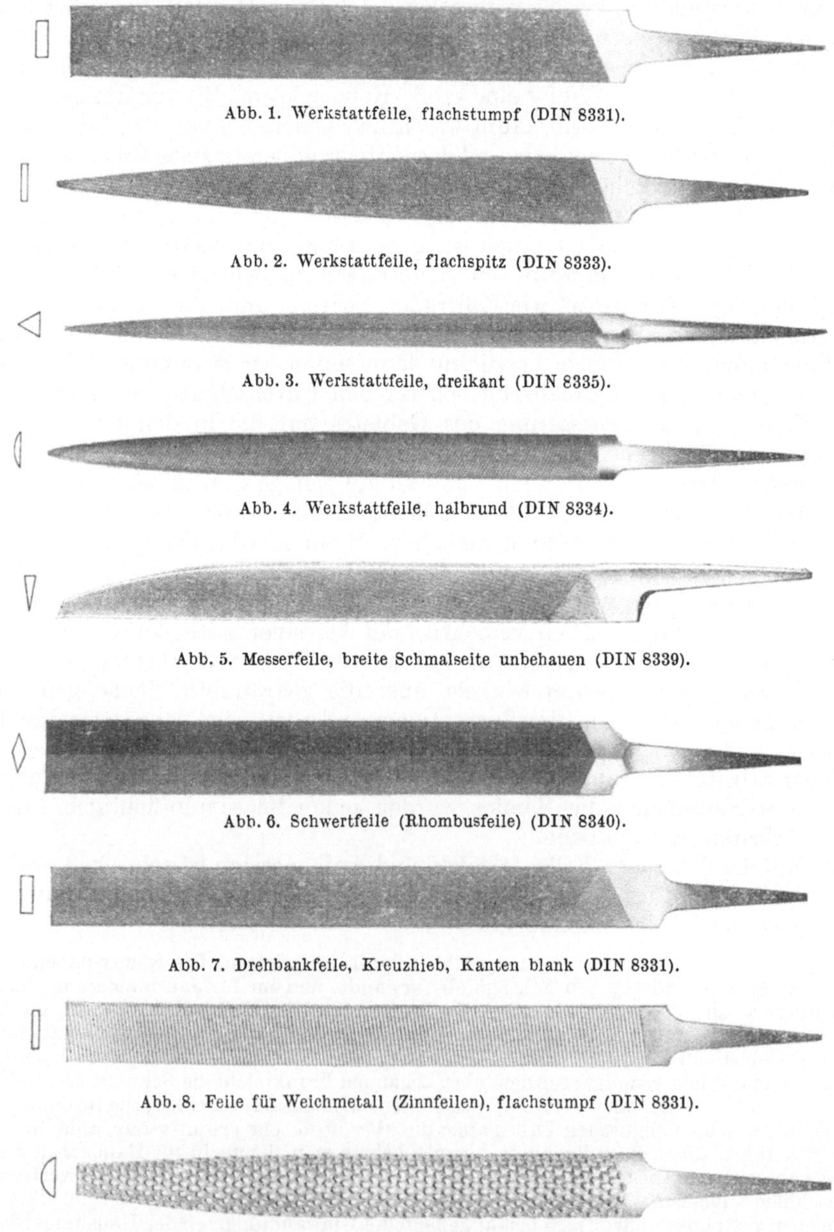

Abb. 1. Werkstattfeile, flachstumpf (DIN 8331).

Abb. 2. Werkstattfeile, flachspitz (DIN 8333).

Abb. 3. Werkstattfeile, dreikant (DIN 8335).

Abb. 4. Werkstattfeile, halbrund (DIN 8334).

Abb. 5. Messerfeile, breite Schmalseite unbehauen (DIN 8339).

Abb. 6. Schwertfeile (Rhombusfeile) (DIN 8340).

Abb. 7. Drehbankfeile, Kreuzhieb, Kanten blank (DIN 8331).

Abb. 8. Feile für Weichmetall (Zinnfeilen), flachstumpf (DIN 8331).

Abb. 9. Raspel für Holz, halbrund (DIN 8334)

Anmerkung: Aus Gründen der Unparteilichkeit können in diesem Buche keine Lieferfirmen genannt werden. Soweit bei den gebrachten Maschinen-Abbildungen Hersteller genannt sind, dient dies nur zur Kennzeichnung des Maschinentyps.

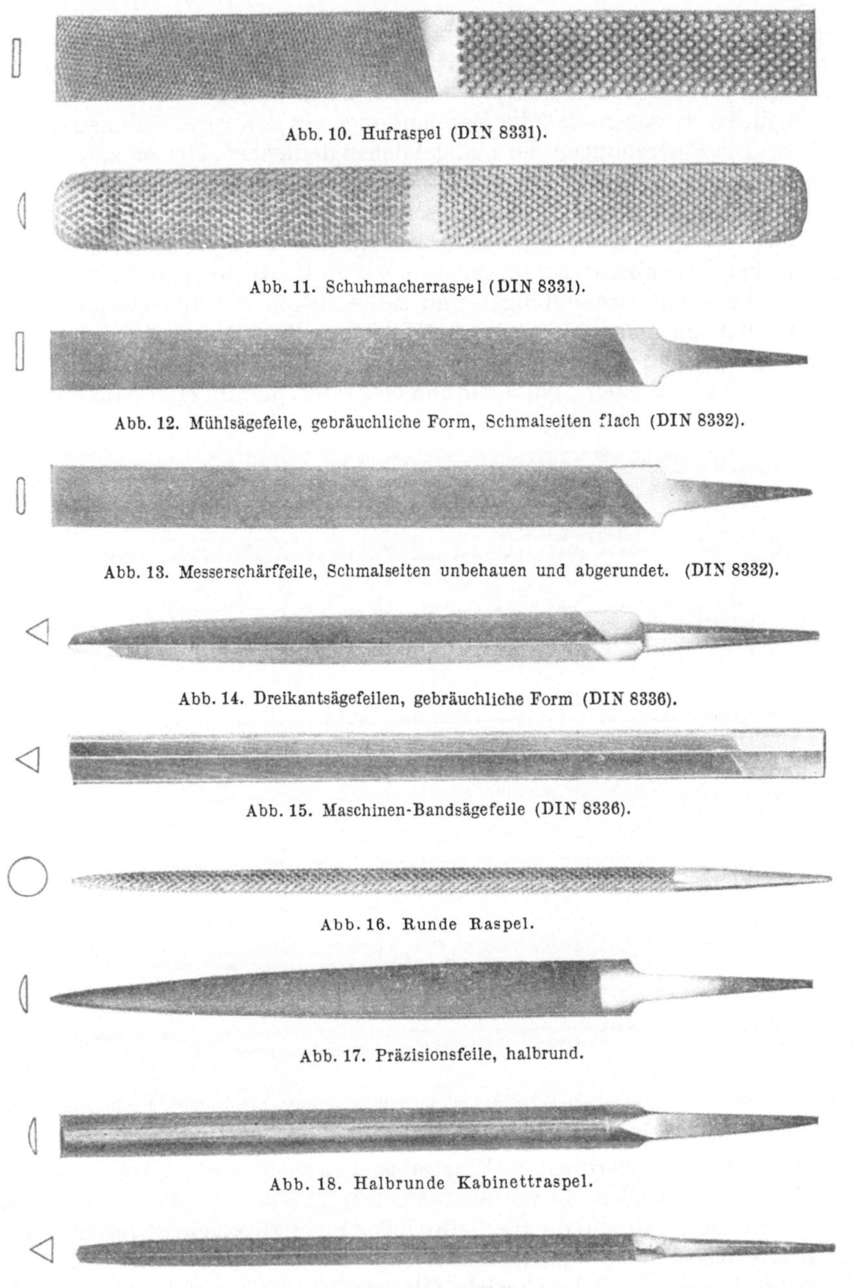

Abb. 10. Hufraspel (DIN 8331).

Abb. 11. Schuhmacherraspel (DIN 8331).

Abb. 12. Mühlsägefeile, gebräuchliche Form, Schmalseiten flach (DIN 8332).

Abb. 13. Messerschärffeile, Schmalseiten unbehauen und abgerundet. (DIN 8332).

Abb. 14. Dreikantsägefeilen, gebräuchliche Form (DIN 8336).

Abb. 15. Maschinen-Bandsägefeile (DIN 8336).

Abb. 16. Runde Raspel.

Abb. 17. Präzisionsfeile, halbrund.

Abb. 18. Halbrunde Kabinettraspel.

Abb. 19. Härteprüffeile.

Es gibt heute keine Feilen mehr, die wie früher nach Gewicht verkauft werden. Daher sind Bezeichnungen wie *Gewichtsfeilen* heute veraltet. Auch die Bezeichnungen wie *Armfeilen, Handfeilen* oder *Maschinenfeilen* (so genannt nach ihrer Verwendung im Maschinenbau, nicht zu verwechseln mit den *Feilmaschinenfeilen*!) sind nicht mehr gebräuchlich. Die Feilenbezeichnungen werden heute der Form der Feilen angepaßt, wie z.B. *Vierkantige Feilen — schwere Form* oder *Flachspitze Feilen — schwere Form.*

Strohfeilen nannte man früher die größeren Feilen, die — vor über 70 Jahren — für den Export in Strohseile gewickelt wurden. Nur der auch schon nicht mehr ganz einwandfreie Ausdruck *Packfeilen* findet noch Anwendung.

Allgemein ist zu sagen, daß die Bezeichnungen in den verschiedenen Gegenden schwanken. Die Bestrebungen der maßgeblichen deutschen Firmen zusammen mit dem Deutschen Feilenbund und dem Deutschen Normenausschuß, einwandfreie, unmißverständliche Bezeichnungen zu schaffen, sollten auch vom Verbraucher dadurch unterstützt werden, daß die in den Normblättern (Tabelle 1) und in den vom Deutschen Feilenbund herausgegebenen Veröffentlichungen enthaltenen Bezeichnungen bei allen Verhandlungen und Bestellungen zugrundegelegt werden.

Bei den mittleren Feilengrößen unterscheidet man *Werkstatt*- und *Präzisionsfeilen*. Ihre Abmessungen sind bei gleichen Längen ungefähr gleich. Die Präzisionsfeilen sind aber in ihrer Form genauer, schlanker und eleganter, und im Hieb sauberer. Einige

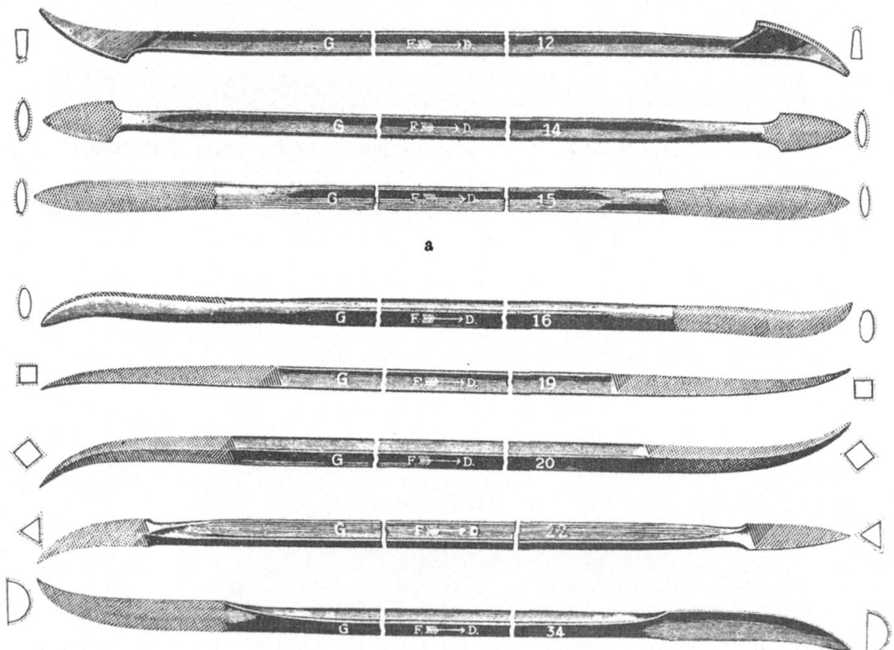

Abb. 20. Riffelfeilen. Diese Feilen werden in den mannigfaltigsten Formen hergestellt. Die hier dargestellten Formen a und b sind beliebig herausgegriffene Beispiele.

Lieferanten verwenden allerdings für Präzisionsfeilen auch einen etwas besseren Werkstoff als für Werkstattfeilen. Sie werden besonders für feinere Arbeiten im Werkzeugbau u. ä. verwendet, während die Werkstattfeilen mehr allgemein gebraucht werden.

Die größte bisher überhaupt gehauene Feile ist (nach OTTO DICK[1])eine „Armfeile" von 1 m Länge und 50 kg Gewicht (Hiebzahl 4 bzw. 5 auf 1 cm oder 21 Zahnspitzen auf 1 cm^2 Oberfläche). Die kleinste noch herzustellende Uhrmacherfeile ist 12 mm lang, wiegt $^1/_{10}$ g und hat etwa 13000 Zahnspitzen auf 1 cm^2 Fläche (vgl. hierzu S. 46 oben).

Die Abb. 1···24 sind eine kleine Auswahl aus dem Herstellungsprogramm der deutschen Feilenfabriken. Eine genaue Preisliste mit Abbildungen aller Feilenarten und mit ausführlichen Angaben über die Längen, Formen, Gewichte und Ver-

---

[1] DICK, O.: Die Feile und ihre Entwicklungsgeschichte. Berlin: Springer 1925.

zahnungen der Feilen gibt der *Deutsche Feilenbund*[1] heraus. Ein großer Teil der Feilenarten ist bereits genormt. Tabelle 1 enthält die Nummern der bis 1953 erschienenen DIN-Blätter über Feilen. Das Gesamtprogramm der deutschen Feilenfabriken enthält außerdem Nadelfeilen, Riffelfeilen (Abb. 20) und die billigen Schlüsselfeilen, wozu dann noch Sonderfeilen kommen, wie z. B. die verschiedenen Uhrmacherfeilen, Korrigierfeilen für Stereotypien, Nagelfeilen, Bleistiftfeilen, Riffelraspeln, die Knochenfeilen für Elfenbein und Weichmetalle mit gefrästen Zähnen, die zahlreichen Sonderraspeln und viele andere mehr.

Für die Form und Abmessungen der Feilen waren früher neben den Katalogen der Lieferanten allein die Preisblätter des „Deutschen Feilenbundes" maßgebend. Diese enthielten jedoch außer den Preisen und geschäftlichen Hinweisen nur Längenangaben; die Breiten- und Stärkemaße fehlten. Die Folge davon war, daß die einzelnen Lieferanten diese Abmessungen und damit die Gewichte verschieden ausführten, so daß keine ganz einwandfreien Preisvergleiche möglich waren. Im Jahre 1923 wurde vorbereitend die Typenzahl verringert

Tabelle 1. *Feilen — Normung*[2].

DIN

395 Feilengriffe.

396 Zwingen für Griffe.

5192 Flachspitzraspeln für Holzbearbeitung 200···350 lg.

5197 Gefräste Flachstumpf-Bezugfeilen, mit Kreisbogenzahnung oder Schrägzahnung, 250, 315, 375 lg.

5198 Gefräste Halbrund-Bezugfeilen: Wie DIN 5197.

5199 Schienenhobelblatt mit Kreisbogenzahnung, gefräst oder gehauen, 510 lg.

8331 Flachstumpf-Feilen u. Raspeln: Schwere F. (375 u. 450 lg), gebräuchl. F. u. R. (100···450 lg), Präzisionsfeilen.

8332 Flachstumpf-Schärffeilen: Gebräuchl. F. 200···250 lg, schmale F. 200 lg, Häckselmesser-Schärffeilen 250 lg.

8333 Flachspitz-Feilen: Schwere F. 375 bis 450 lg, halbschwere F. 315···375 lg, gebräuchl. F. 100···450 lg, Präzisionsfeilen 80···250 lg, dünne F. (früher Schlüssel- oder Raumfeilen) 100 lg.

8334 Halbrund-Feilen und -Raspeln: Schwere, gebräuchliche und Präzisionsfeilen wie DIN 8333 lg, flach-halbrunde 160···315 lg, dünne F. 100 lg.

8335 Dreikant-Feilen: Gebräuchl. F. 100 bis 450 lg, Präzisionsfeilen 80···250 lg, dünne F. 100 lg, Präzisions-Härteprüf-F. 125···200 lg.

8336 Dreikant-Schärffeilen: Ungleichs. parallele F. 200 lg, schwere F. (Bandsägefeile) 125···200 lg, gebräuchl. F. 100 bis 200 l, dünne F. 100···200 lg, bes. dünne F. 100 lg, scharfkantige Präzisionsfeile (Metallsägefeile) 100···160 lg.

8337 Vierkant-Feilen: Schwere F. 375···450 lg, halbschwere F. 375···450 lg, gebräuchliche F. 100···450 lg, Präzisionsfeile 80 bis 200 lg, dünne F. (früher Schlüssel-

DIN

oder Raumfeile) 100 lg, Präzisions-Schneideisenfeile 80···160 lg.

8338 Rund-Feilen und Raspeln: Wie DIN 8337 ohne halbschwere F.

8339 Messer-Feilen: Gebräuchl. F. 100 bis 250 lg, Präzisionsfeilen mit bauchiger Schmalseite 80···200 lg, messerförmige halbschmale F. 200 lg, parallele schmale F. (Schärffeile) 200 lg.

8340 Schwert-Feilen: Präzisionsfeilen 80 bis 250 lg, Schärffeilen 200 lg.

8341 Vogelzungen-Feilen (linsenförmiger Querschnitt) 80···200 lg.

8342 Nadel-Feilen: Übliche Präzisions-Nadelfeile 50···100 lg, runde dünne Präzisions-Nadelfeile 50···60 lg, runde bes. dünne Präzisions-Nadelfeile 50 lg.

8343 Gefräste Flachstumpf-Feilen mit Kreisbogenzahnung parallel, mit Schrägzahnung bauchig, mit Schrägzahnung parallel, 250···375 lg.

8344 Gefräste Halbrundfeilen mit Kreisbogenzahnung hohl, mit Schrägzahnung hohl, mit Schrägzahnung voll, 250···375 lg.

8345 Gefräste Vierkant-Feilen 250···375 lg.

8346 Gefräste Rundfeilen 250···375 lg.

8347 Barett-Feilen 80···200 lg.

8348 Hufraspeln parallel, ohne Angel einhiebig, ½ Länge Raspelhieb, ½ Länge Feilenhieb, 315···400 lg, Schuhmacherraspel 225 lg.

8349 Hiebtafel für Einhieb und für Oberhieb der Kreuzhiebfeilen und für Raspeln (s. Tabelle 2, S. 44).

7284 Entwurf Technischer Lieferbedingungen für Feilen:
Bl. 1: gebräuchliche Feilen u. Raspeln,
Bl. 2: Präzisionsfeilen,
Bl. 3: aufgehauene Feilen.

[1] Deutscher Feilenbund, Remscheid, Elberfelder Straße 77.

[2] Maßgebend ist jeweils die neueste Ausgabe der Normblätter, die vom Beuth-Vertrieb, Berlin W 15 oder Köln, zu beziehen sind.

von 1351 verschiedenen Sorten auf 475. Uhrmacher- und Nadelfeilen wurden hiervon nicht berührt. Im Jahre 1924 begann der Deutsche Feilenbund mit der Veröffentlichung einer Reihe der gebräuchlichsten Feilen (vor allem der Handfeilen) als DIN-Norm-Entwürfe, die alle Abmessungen enthielten. Die inzwischen fertiggestellten Normen (Tabelle 1), die allmählich alle Feilensorten umfassen sollen, enthalten auch einige, allerdings nicht vollständige, Angaben über den Hieb und, was besonders wichtig ist, Toleranzangaben. Angaben über Werkstoff, Herstellungsverfahren, Härte, Leistung usw. sind in später erschienenen Güte- bzw. Abnahmevorschriften des DNA aufgenommen worden.

Normen über die wichtigen Präzisionsfeilen sowie über Uhrmacher- und Nadelfeilen sind bisher nur zum Teil aufgestellt.

Die Länge der Feilen wird heute in mm, nur für das Ausland auch in englischem Zoll angegeben Die DIN-Normen geben die Länge in Millimeter — neben der Zollänge — an. Die Länge bezieht sich immer nur auf den gehauenen Teil, d.h. von der Angelwurzel bis zur Spitze; die Länge der Angel bleibt dabei unberücksichtigt (vgl. auch S. 48: Dick, 1).

Die Zahnbildung beim Hauen all dieser Feilen stellt einen für das Gefühl des neuzeitlichen Werkzeugfachmannes primitiven Bearbeitungsvorgang dar. Während man bei der Herstellung sonstiger Werkzeugschneiden sehr darauf bedacht ist, die Schneidenwinkel durch Fräsen bzw. Schleifen richtig und kontrollierbar herauszuarbeiten, wird bei der gehauenen Feile der Zahn nur eingekerbt und herausgedrückt. Seine Form und seine Winkel sind deshalb von dem Feilenwerkstoff, dem Meißelwinkel, der Meißelhaltung und der Schlagkraft abhängig. Damit der Zahn sich genügend aufbäumt, muß ein Werkstoff verwendet werden, der ausreichend weich und bildsam ist, also eine Forderung, die unter Umständen die vom Schneidvorgang aus diktierte Forderung an den Werkstoff hemmen kann.

2. Handbewegte Langfeilen, gefräst (Abb. 21···24). Bei den gefrästen Feilen kann stets der schneidhaltigste Werkzeugstahl verwendet werden, da die Zähne nicht aufgeworfen, sondern regelmäßig geschnitten sind. Man unterscheidet zwei Hauptgruppen:

Gefräste Feilen ohne positiven Spanwinkel (Brustwinkel) und
Gefräste Feilen mit einem positiven Spanwinkel.

Die ersten sind seit längerer Zeit bekannt und werden, um ein sanftes Ansetzen ohne seitliches Weglaufen zu erzielen, meist mit bogenförmigen Zähnen hergestellt.

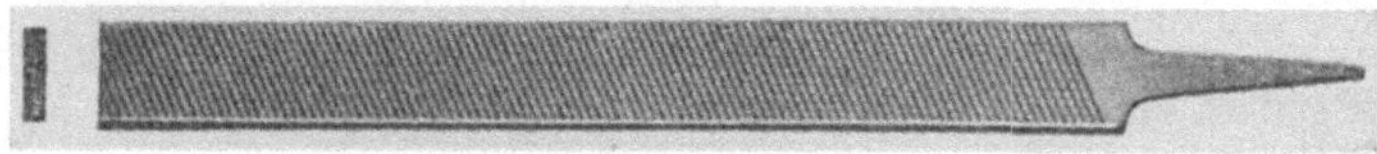

Abb. 21. Gefräste flachstumpfe Feile, parallel.

Abb. 22. Gefräste flachstumpfe Feile mit kreisförmigen Schneidezähnen.

Bei der zweiten Gruppe sind zwei verschiedene Herstellungsverfahren und danach verschiedene Feilenarten zu unterscheiden.

a) Fräsen der Zähne mit kegeligem Fräser (System PEISELER). Hier entsteht der positive Spanwinkel ohne weiteres durch das Fräsen.

b) Fräsen der Feile mit 0° Spanwinkel mit scheibenförmigem Fräser und Umlegen des Zahnes auf einer Drückvorrichtung nach vorn, so daß eine leicht hohle Spanfläche und Schnitt entsteht (System WESSEL).

Es wird von dem Fabrikanten der unter a) genannten Feilen in Anspruch genommen, daß sie einen starreren Zahngrund haben als die mit angedrückten Zähnen, und daß der positive Spanwinkel nach mehrmaligem Nachschleifen unten immer noch in ursprünglicher Größe vorhanden sei, während er bei den Feilen nach b) immer kleiner werde. Dagegen sollen die angedrückten Feilen nach b) angriffsfreudiger sein, da die Spitzen schärfer sind als bei nur gefrästen Zähnen.

Die gefrästen Feilen werden als Angelfeilen ähnlich den gehauenen Feilen oder als Bezugfeilen mit einem dünnen abschraubbaren Feilenblatt auf einem Körper aus gewöhnlichem Flußstahl hergestellt. Angelfeilen können gerade und auch bauchig sein. Diese Form ist bekanntlich besonders zum Feilen von ebenen Flächen notwendig (vgl. S. 57). Bezugfeilen werden nur gerade, nicht bauchig geliefert. Bezugfeilen werden, abgesehen von einigen Sonderfällen (Schienenfeilen

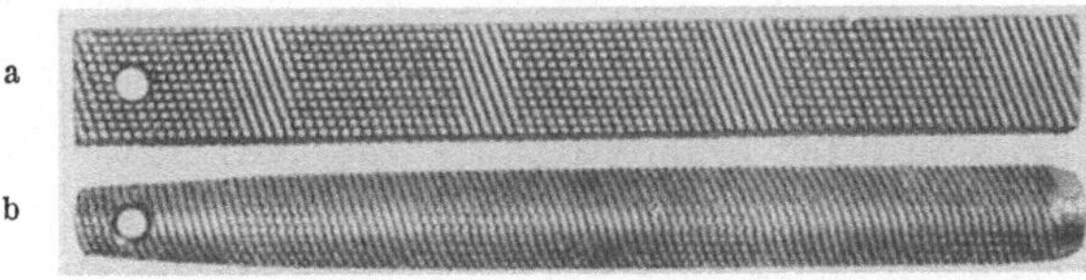

Abb. 23. Fräserfeilenblätter mit 1 oder 2 Schraubenlöchern.
a flachstumpf; b halbrund.

u. a.) heute nur noch sehr wenig gebraucht. Sie sind an den schmalen Seiten ohne Hieb, weshalb innen liegende Kanten nur sehr schlecht mit ihnen bearbeitet werden können.

Ebenso wie ein grobgezahnter Fräser mehr Werkstoff abnimmt als ein feingezahnter, kann auch die gefräste Feile mehr abschruppen als die gehauene. Die gefrästen Zähne sind gleichmäßiger herzustellen als die vom Meißel und seiner Haltung abhängigen gehauenen. Das Arbeiten mit der gefrästen Feile erfordert aber, wenn man sie voll ausnutzen will, wegen der größeren Spanabnahme eine erhöhte Arbeitsleistung, so daß der Arbeiter schneller ermüdet. Das ist wohl zum Teil auf persönliche Momente zurückzuführen, da der Arbeitsdruck der auf allen Zähnen angreifenden gefrästen Feile sich anders anfühlt als der der nicht ganz so regelmäßig gezahnten und deshalb nicht mit sämtlichen Zähnen gleichzeitig angreifenden gehauenen Feile. Die Fräserfeilen sind ganz besonders zum Feilen von weichen Metallen

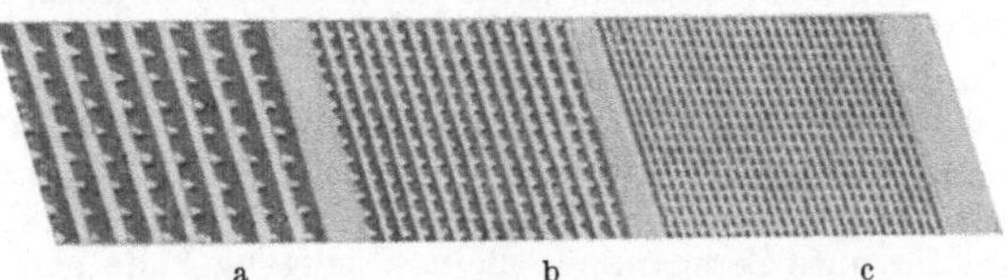

Abb. 24 a—c. Gefräste Feilenzahnungen.
a 9 Zähne auf 1 Zoll. b 18 Zähne auf 1 Zoll. c 32 Zähne auf
1 Zoll. Diese drei Zahnungen sind hier als Beispiele
herausgegriffen.

(Aluminium, Zinn, gegebenenfalls Grauguß) sowie von Harthölzern geeignet, bei denen keine allzu große spezifische Zerspanungskraft aufgewendet zu werden braucht. Auf Weißmetall nehmen gefräste Feilen oft $1\frac{1}{2}$ mal soviel Werkstoff ab wie gehauene. Für die Bearbeitung von Stahl dürften sie wenig geeignet sein, schon wegen der rascheren Abnutzung des mit Spanwinkel versehenen Zahnes. Für Feilarbeiten auf Kupfer muß der Zahn besonders spitz und tief sein, da die Feile sonst nicht gut schneidet. Beim Arbeiten auf Holz ergeben gefräste Feilen eine sauberere Fläche als Raspeln; Nachbehandlung mit Sandpapier ist nicht notwendig. Sie werden jedoch sehr rasch stumpf und können an solchen Stellen, die nur geringen Hub zulassen, nicht verwendet werden. Ein weiterer Vorzug der gefrästen Feile besteht darin, daß man den Zahngrund ausrunden kann, so daß die Späne sich nicht so leicht festsetzen. Daß eine voll ausgenutzte gefräste Feile eine kräftige Festspannung des Werkstückes erfordert, ist klar.

Ein besonderer Vorzug der gefrästen Feilen mit geraden und mit bogenförmigen Zähnen ist der, daß sie ohne vorheriges Ausglühen nachgeschliffen werden können, und zwar auf einfachen Sonderschleifvorrichtungen (Abb. 59 u. 60, S. 38). Das beiderseitige Nachschleifen einer 12″-Feile dauert etwa 6 min. Das Verfahren kann 6—8mal wiederholt werden (s. auch S. 37).

Es ist noch eine neuartige Feile auf dem Markt erschienen, bei der der positive Spanwinkel weder durch Fräsen noch durch Andrücken, sondern durch *Eindrehen* auf der Planscheibe einer Sonderdrehbank hergestellt wird. Diese Feilen haben bogenförmige Zähne mit nach der Angel zu immer kleiner werdendem Radius. Was für die gefrästen Feilen gesagt wurde, gilt natürlich auch für diese.

Restlos sind die Unterschiede in der Wirkung, den Anwendungsbereichen und den Betriebskosten gehauener und gefräster Feilen noch nicht geklärt. Für eine maßgebende Berechnung der Wirtschaftlichkeit müßten die folgenden Punkte berücksichtigt werden, und zwar für die verschiedenen vorkommenden Werkstoffe:

Angriff auf der Arbeitsfläche,
Spanleistung,
Sauberkeit der Feilfläche,
Gerader Lauf,
Ermüdung des Arbeiters,
Kraftverbrauch,
Gewicht der Feile,
Verstopfen der Lücken,

Haltbarkeit der Schneiden,
Anzahl der möglichen Aufarbeitungen,
Vielseitigkeit der Anwendung der besonderen Form der gefrästen Feilen (z. B. Ziehen),
Verhalten beim Arbeiten über Kanten,
Preis der Feile,
Preis des Aufarbeitens.

Als Beispiel seien die vom Hersteller der Fräserfeile Marke „Ideal" (Peiseler) angegebenen Eigenschaften der gefrästen Feilen und die Vorschriften für ihre Verwendung hier wiedergegeben:

Einwandfrei unterschnitten gefräste Zahnbrust bei unbedingt gleich hohen Zähnen, daher mit wenig Kraftaufwand leicht in der Führung.

Erweiterte, ausgerundete Spankammer.

Kein Verstopfen, freier Spanabfluß, selbst bei weichen und schmierenden Werkstoffen.

Hochlegierter Sonderstahl mit 1,5% C, 1,5% Cr usw.

Deshalb höchster Härtegrad und längste Schnittdauer.

Mehrfaches Nachschärfen nach dem Stumpfsein der Feilen.

Kein Verlust der Härte, der Leistung und Lebensdauer. Niedrige Nachschärfkosten, günstiger als das Aufhauen gewöhnlicher Feilen (kein Ausglühen, Abschleifen, Wiederhärten).

Für den Gebrauch gibt der Hersteller folgende Anweisungen:

Schruppen: Auf die Feile nicht zu stark drücken; denn die unterschnittenen Zähne sorgen selbst für gute Zerspanung. Beim Rückgang Feile nicht anheben.

Auf großen Flächen Feile abwechselnd kreuzweise führen.

Bei kleinen und schmalen Flächen, wie Grate, Keile und Kanten, Feile schräg zur Längskante des Werkstücks (und nicht senkrecht) anlegen, um ein Ausbrechen der Zahnschneiden zu vermeiden.

Schlichten: Mit wenig Druck abwechselnd kreuzweise Feilstriche. Beim Abziehen, d. h. Feile im Quergriff, Angelende (Feilenheft) rechts.

Ohne Kreide oder Schmiermittel, da diese Feile sich nicht zusetzt.

Fräsart grob: für große Flächen, Werkstoffe bis zu 60 kg Festigkeit, Leicht- und Weichmetalle (wie Aluminium, Blei, Bronze, Zinn usw.) sowie für Leder, Fiber, Holz, Preßstoffe und Gummi;

mittel: für schmale Flächen und Werkstoffe über 60 kg Festigkeit, wie Werkzeugstähle, Hartbronze, Legierungen hoher Festigkeit;

fein: für Blecharbeiten, Kanten, Grate, Feinschlichten und Abziehen von Flächen an härteren Werkstoffen.

Kurze Regel für Wahl der Zahnung:

Stahl — Bronze — Eisen { große Flächen . . . . grobe Zahnung
                         { kleine Flächen . . . . feine Zahnung
Weichmetall, Aluminium, Horn, Holz, Blei . . . . grobe Zahnung

Je härter das Material, um so feiner wähle man die Zahnung. Der Fräserzahn ist vielfach noch von Spanbrechernuten durchbrochen.

3. Maschinell geradlinig bewegte Feilen.

a) **Hin und her bewegt:** Die zur Aufnahme auf Feilmaschinen wie Abb. 25 bestimmten Feilen, die keine Verjüngung (nicht bauchig) und an den Enden ent-

Abb. 25. Hub-Feil- und Sägemaschine
(*Uhren- u. Maschinenfabrik*, Ruhla,
oder *Gebr. Thiel GmbH.*, Sand b.Kassel)[1].

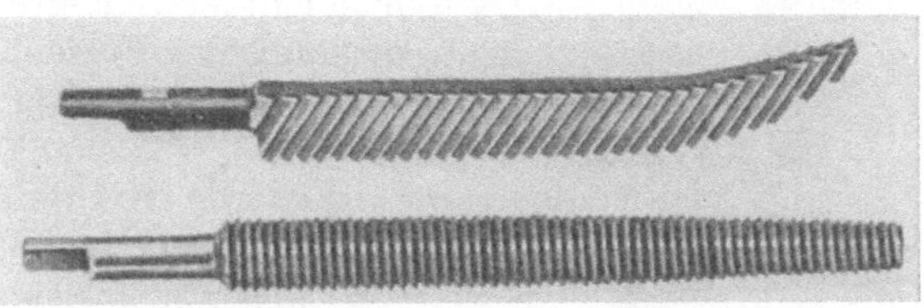

Abb. 26. Strichfeilen zur Verwendung mit Antriebsmaschinen für Umlauffeilen. Durch Umschalten der Drehbewegung in eine hin- und hergehende geradlinige Bewegung lassen sich unter Verwendung geeigneter Einspanneinrichtungen Werkzeuge zum Strichfeilen, Schleifen, Schaben und Sägen in die Antriebsmaschinen für Umlauffeilen spannen und damit deren Anwendungsbereich erweitern. Allerdings ist nur mäßige Anpressung und Spanleistung möglich.

weder zwei flache Ansätze oder an dem einen Ende eine spitze Angel, am anderen eine angeschliffene runde Spitze besitzen, entsprechen in Aussehen und Hiebart den üblichen Präzisionsfeilen. Auch werden gewöhnliche kleine Handfeilen (Abb. 26) maschinell angetrieben, und zwar entweder auf den in Abb. 27···30 gezeigten Maschinen für Umlauffeilen mit Sonderapparat oder mit Druckluftmaschinchen ähnlich den Druckluftmeißeln. Die Feilen arbeiten mit höherer Geschwindigkeit und geringerem Druck als die Handfeilen. Sie wirken aber stoßend auf die haltende Hand, und die Druckluftgeräte laufen für die meisten Fälle zu rasch.

Abb. 27. Antriebsmaschine für Umlauffeilen und Fräser, tragbar (*August Rüggeberg*, Marienheide/Rhld.).

Durch Ansatz eines Schnelltriebes ist eine Höchstdrehzahl von 35000 U/min erreichbar, speziell für Fräser aus Hartmetall und kleine Schleifstifte:

$n = 750$ zum Fräsen und Feilen mit Normalwerkzeugen von Materialien mit hoher Festigkeit, und zum Bohren.

$n = 1400$ zum Fräsen und Feilen mit kleineren Normalwerkzeugen von Materialien mit hoher Festigkeit, Kollektorfräsen, Schraubeneinziehen, Gewindeschneiden, Entrosten.

$n = 3000$ zum Fräsen und Feilen mit Normalwerkzeugen von mittleren Metall-Legierungen (Silumin), Lackbearbeiten, Blechschneiden, lineares Feilen und Schaben, Flächenreinigen, Sägen.

$n = 6300$ zum Fräsen und Feilen mit Normalwerkzeugen von Leichtmetall und Holz, Schleifen mit Werkzeugen bis 80 mm $\varnothing$, Polieren, Bürsten, Ventilsitzschleifen, Hobeln von Leichtmetall.

$n = 11000$ zum Schleifen, Polieren mit Werkzeugen bis 45 mm $\varnothing$, Fräsen von Stahl mit Hartmetallwerkzeugen, Hobeln von Holz.

b) **Kettenfeilen für Bandfeilmaschinen** (Abb. 31···35). Die seit einigen Jahren eingeführte Maschine Abb. 31 verwendet einzelne aneinandergereihte Gliederfeilen mit Haltband, also eine endlose Kette, erspart den Rücklauf der Feilen und entspricht damit in der Arbeitsweise der bekannten Metallbandsäge, nur daß bei

---

[1] In den Abbildungs-Unterschriften dieses Buches werden die Namen der Herstellerfirmen nur das erste Mal vollständig, bei Wiederholung dagegen gekürzt wiedergegeben.

dieser das Werkzeug aus einem Stück besteht. Durch den Wegfall des Rücklaufs werden keine Späne hochgerissen, und der Anriß steht klar vor der Feile; außerdem werden die Feilenzähne geschont. Die Kettenglieder ruhen auf einer Tragkonstruktion, der Grundkette. Die Feilkette ermöglicht erstmalig eine Schnittleistung in der Größenordnung des Fräsens und anderer Metallbearbeitungsverfahren, und zwar am günstigsten bei großem Vorschub.

Für die Kettenfeilen wird ein Einheitshieb verwendet. Nach Angabe des Lieferanten betragen die Leistungen der flachen oder halbrunden Kettenfeilen in mm^3 je min Maschinenzeit:

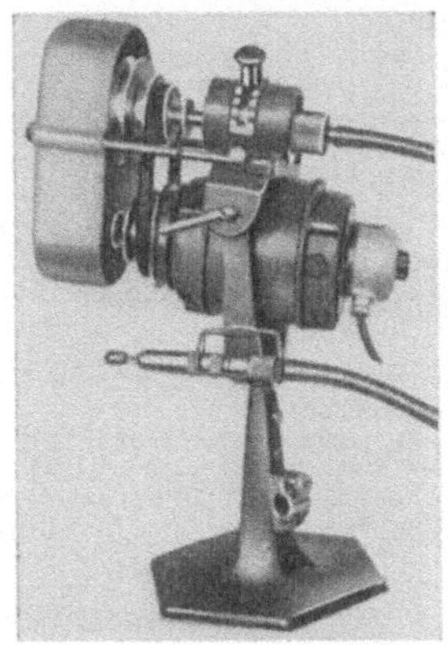

Abb. 28. Antriebsmaschine für Umlauffeilen und Fräser (*Schmid & Wezel*, Maulbronn/Württ.).

Masch.-Modell	St. 50.11	St. C. 16.61	Werkzeug-Stahl
I	440	380	340
II	650	580	520

	Schnelldreh-Stahl	Aluminium
	310	1600
	460	2050

4. Umlauffeilen. Die praktische und in den letzten Jahren sehr gut eingeführte Feilmaschine mit umlaufender Feile wird heute in verschiedenen Ausführungen hergestellt, und zwar besonders mit Antrieb durch Motor und biegsame Welle. Sie wird besonders bei der Gesenkbearbeitung an den Stellen gebraucht, die mit gewöhnlichen Fräsern usw. nicht bearbeitet werden können, und arbeitet unvergleichlich rascher als die langgestreckten Handfeilen. Die Zähne sind entweder gehauen oder gefräst. Die ersten

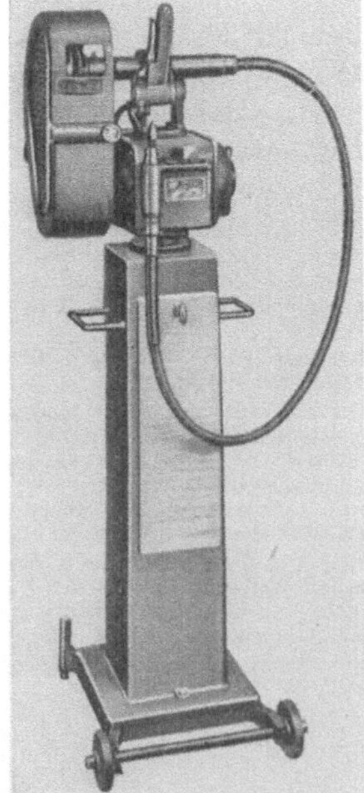

Abb. 29. Antriebsmaschine für Umlauffeilen und Fräser (*Trumpf & Co.*, Stuttgart-Weil im Dorf).

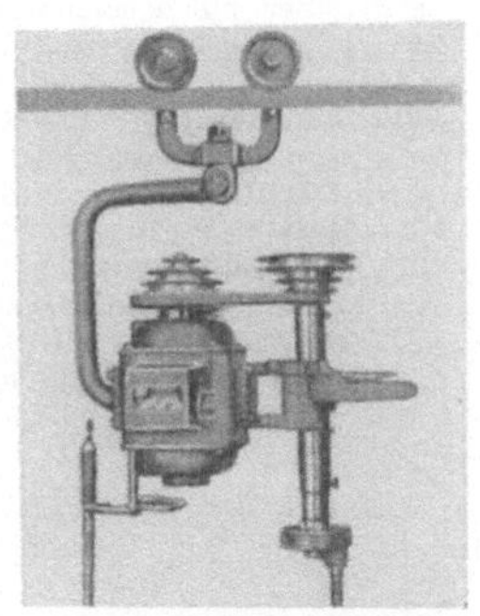

Abb. 30. Verschiebe-Aufhängung einer Antriebsmaschine für Umlauffeilen (*Trumpf & Co*).

Abb. 31. Bandfeilmaschinen (*Ernst Grob*, München).

dürften wohl vorwiegend für Sonderprofile in Betracht kommen, wenn man selber zahnen will, und sollen griffiger schneiden, während die gefrästen Werkzeuge im großen billiger sind. Sie sind nachschleifbar — auch durch den Lieferanten —, die gehauenen Umlauffeilen nicht. Gefräste Rundfeilen haben gegenüber gehauenen (meist nicht mit der Maschine, sondern mit der Hand) den Vorzug ununterbrochener Zahnschneiden und gleichmäßiger Rundungen. Sie sind deshalb als Profilfeilen besser geeignet als die gehauenen.

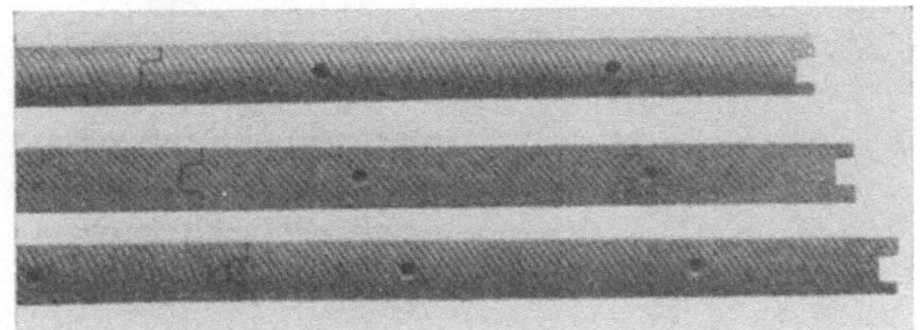

Abb. 32. Kettenfeilen zur Bandfeilmaschine Abb. 31.

Abb. 33. Außenfeilen eines Maschinenteiles auf der Maschine Abb. 31.

Man kann heute wohl schon sagen, daß es kaum ein Gebiet im Werkzeugbau, Gesenkbau usw. gibt, das diesen Feilen verschlossen ist (Abb. 36···39). Die Kataloge der betreffenden Spezialfabriken zeigen eine Vielheit von Anwendungsmöglichkeiten, Stiftformen, Kugel, Kegel, Scheiben usw. für Stahl, Leichtmetall und Holz, und zwar auch aus Hartmetall, was ja bei Langfeilen nicht möglich ist, da die wirtschaftliche Schnittgeschwindigkeit nicht von Hand erreicht werden kann. Diese

Abb. 34. Band-, Feil- und -Sägemaschine (Hersteller wie Abb. 25). Diese Maschine kann von Feilarbeiten auf Sägearbeiten umgeschaltet werden.

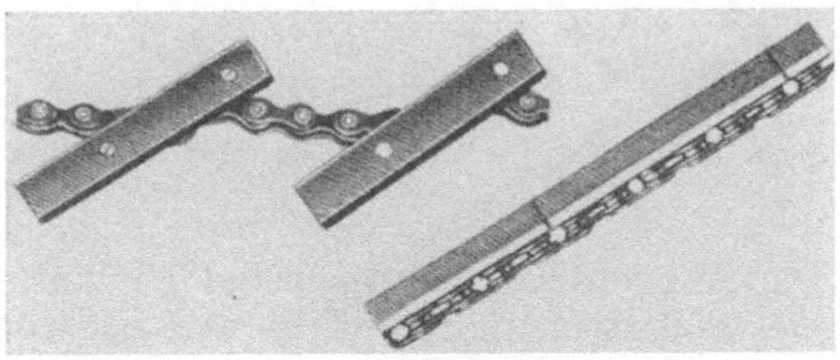

Abb. 35. Feilen, Kette und Schloß zur Maschine Abb. 31.

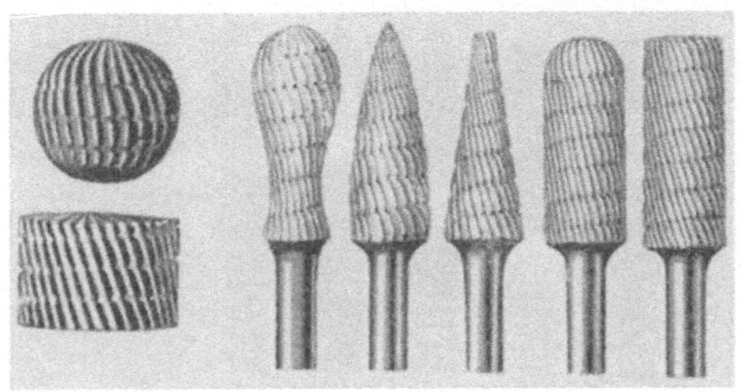

Abb. 36. Formen gefräster Umlauffeilen

Werkzeuge werden bald als Feilen, bald als Fräser bezeichnet. Sie stellen den Übergang zwischen beiden Werkzeugarten dar.

Für die meisten Fälle ist das Arbeiten mit diesen neuen Fräsern bedeutend rascher und wirtschaftlicher als Schleifen; das gilt auch für das Verputzen von Schweißnähten, das Gußputzen von Stahlguß und ähnliches.

Von einer Normung kann bei der Vielheit von Formen und Größen hier noch keine Rede sein, wird es vielleicht auch nur für einige wenige Typen. Die Aufnahme

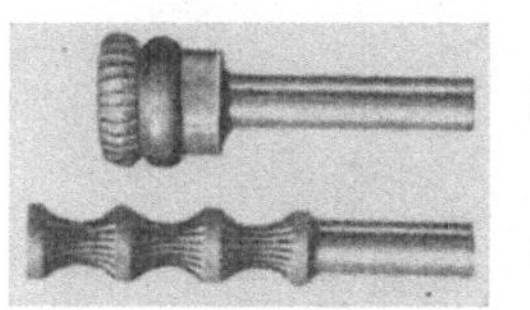

Abb. 37. Sonderfräser (*Rüggeberg*). a Ölnutenfräser; b Kantenfräser.

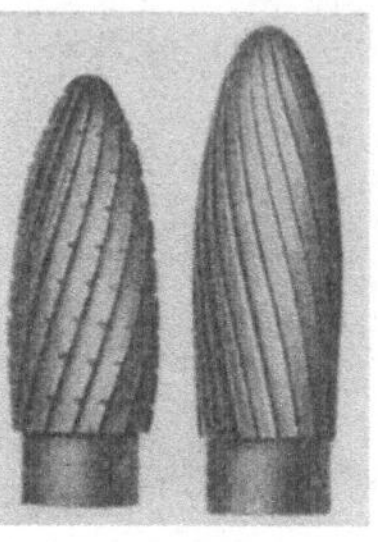

Abb. 38. Umlauffeilen für Leichtmetall.

Abb. 39. Gummiaufrauhfräser zum Aufrauhen vor dem Vulkanisieren.

der Werkzeuge erfolgt durch zylindrische Schaft- und Bohrfutter oder durch Innengewinde.

Abb. 40. Feilscheibe.

Abb. 41. Raspelscheibe.

Abb. 42. Fräserscheibe mit Kreisbogenzahnung.

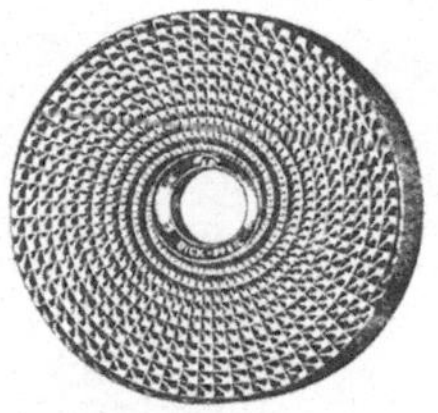

Abb. 43. Fräserscheibe mit Spiralzahnung.

Die Antriebsmaschinen für die Umlauffeilen können auch Schleifstifte und -steine, Polierschleifkörper, Filz- und Lederpolierkörper, Schwabbelscheiben, Um-

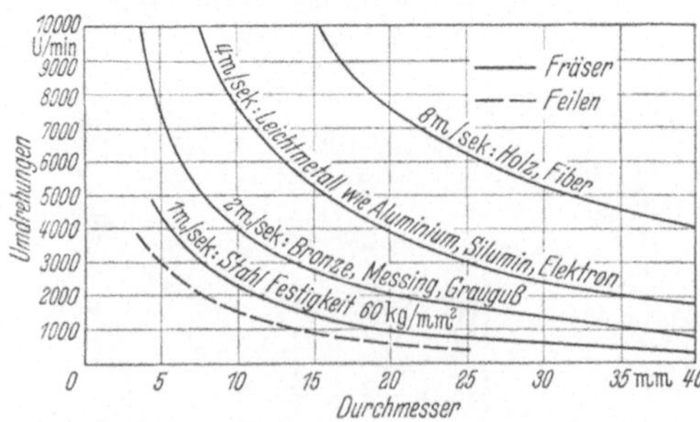

Abb. 44. Schnittgeschwindigkeiten für Umlauffeilen (*Schmid & Wezel*).

Abb. 45. Feilplatte für Abzieharbeiten.

Herstellungsgrößen 100 × 200 bis 300 × 600 mm mit 20···40 mm Dicke. Hiebe nach Wunsch. Schmalseiten gewöhnlich nicht behauen, Langseiten können verschiedenen Hieb haben.

laufbürsten und viele andere Zusatzapparate aufnehmen. Einige solche Werkzeuge, die ihrem Verwendungszweck und ihrer Konstruktion nach den Umlauffeilen nahestehen, sind in den Abb. 40···45 dargestellt und erläutert.

III. Herstellung der Feilen.

A. Schmieden.

An fast allen Feilen wird alles, d. h. Körper und Angel, irgendwie geschmiedet. Früher wurden noch alle nach Gewicht berechneten Feilen vom Feilenhauer von Hand geschmiedet, heute werden sie unter Kraft-Hämmern ausgeschlagen. Ein Stahlstück von entsprechendem Gewicht paßt für zwei Feilen von rechteckigem Querschnitt, die mit ihren Angeln verbunden bleiben, eingezogen und ausgeschmiedet werden. Diese doppelseitigen Feilen kommen nach dem Schmieden in die Feilenfabrik, werden in der Mitte getrennt, Angeln fertiggeschmiedet, Feilenform nachgeschmiedet und das Ganze geglüht.

Heute werden fast alle Querschnitte in passenden Längen abgeschrotet und die Feilenkörper möglichst in *einer* Hitze ausgeschmiedet. Auch die kleinen Feilen werden geschmiedet, und zwar auch heute noch vielfach von Hand, was ebenso rasch geht wie mechanisch. Dünne Feilen, z. B. Stiftenfeilen, flachstumpfe und flachspitze Feilen bis etwa 3 mm Stärke, werden auch ganz aus Stahlblech gestanzt, oder vom Blechstreifen abgeschnitten und an der Angel ausgestanzt; sie sind dann etwas biegsamer. Während aber früher auch das Profil aus Flach- und Vierkantmaterial ausgeschmiedet werden mußte (unter Krafthämmern oder auf dem Amboß von Hand), werden heute fast alle Feilenkörper — mit Ausnahme der ganz schweren Sorten, die aus vorgeschmiedeten bzw. zugeschnittenen Ingots (Knüppeln) geschmiedet werden — von passenden Profilstangen in Längen von 3 ··· 7 m auf Maschinenscheren oder Pressen abgeschnitten und dann weitergeschmiedet. Da die Stahlwerke heute die verschiedensten Profile liefern (auch für kleine Feilen), so ist die Schmiedearbeit gegen früher stark eingeschränkt.

Zur Erhitzung diente früher das offene Steinkohlen-Schmiedefeuer; heute werden gas-, öl- oder elektrisch beheizte Öfen benutzt, die eine genaue Temperaturüberwachung ermöglichen und so eingerichtet sind, daß die Geschwindigkeit der Erwärmung genau nach der für den Werkstoff gültigen Vorschrift eingestellt werden kann[1].

Gewöhnlicher Werkzeugstahl mit 0,9 oder weniger % Kohlenstoffgehalt ist für Feilenkörper nicht geeignet, vielmehr wird z. B. für Werkstattfeilen ein Rohmaterial mit mindestens 1 bis 1,2% C verwendet. Die Schmiedetemperatur richtet sich nach dem C-Gehalt (vgl. Werkstattbuch Heft 7). Wegen der Entkohlungsgefahr ist vorsichtige Behandlung nötig. Zu lange Erhitzung verdirbt die Oberfläche und nimmt der Feile die Härtbarkeit. Dicke Feilenkörper dürfen nur allmählich auf Höchsttemperatur gebracht werden, sonst verbrennen sie außen und bleiben innen kalt. Nach Möglichkeit soll in *einer* Hitze geschmiedet werden. Für größere Feilen braucht man — besonders beim Gesenkschmieden — aber zwei Hitzen; früher, als der Werkstoff nicht fertig profiliert geliefert wurde, waren allgemein drei Hitzen üblich. Wenn die Knüppel in einfacher Feilenlänge abgeschnitten werden, wird zuerst der Schaft, dann die Angel geschmiedet; hierzu wird zunächst auf einer Schneide oder der Amboßkante eine Kerbe eingeschlagen und dann die Angel auf der flachen Bahn ausgestreckt. Bei mittelgroßen Feilen (Werkstattfeilen) werden die Schultern der Angel auch warm ausgestanzt, worauf die Angelseite unter dem Fallhammer verjüngt geschlagen wird. Bei kleineren (Präzisionsfeilen) wird die Angel kalt gestanzt, bei Feilen unter 6″ Länge, auch bei größeren Vierkantfeilen, wird die Angel durchlaufend (ohne Schultern) zugespitzt.

---

[1] Näheres über Öfen usw. s. Werkstattbuch Heft 8: P. Klostermann, Die Praxis der Warmbehandlung des Stahles.

Kleine und mittelgroße Feilen werden unter Federhämmern (Abb. 46) und Handfallhämmern mit angebautem, beweglichem Sitz, durch den die Schabotte geschwenkt werden kann, größere unter Lufthämmern (Abb. 47) geschmiedet. Allgemein gültige Angaben über das Schmieden wie überhaupt über die einzelnen Arbeitsgänge bei der Feilenherstellung können schwer gemacht werden, weil fast in jeder Firma auf Grund langjähriger Erfahrungen anders gearbeitet wird. Die hier gegebene Darstellung kann also nur ungefähr eine Vorstellung über den Werdegang und die daraus sich ergebenden Eigenschaften der Feilen vermitteln, vor allem aber den Verbraucher erkennen lassen, daß nur bei besonders sorgfältiger Werkstoffwahl und Werkstoffverarbeitung wirklich gute Feilen erzielt werden, daß somit die Feilenherstellung in hohem Maße Vertrauenssache ist. Am ver-

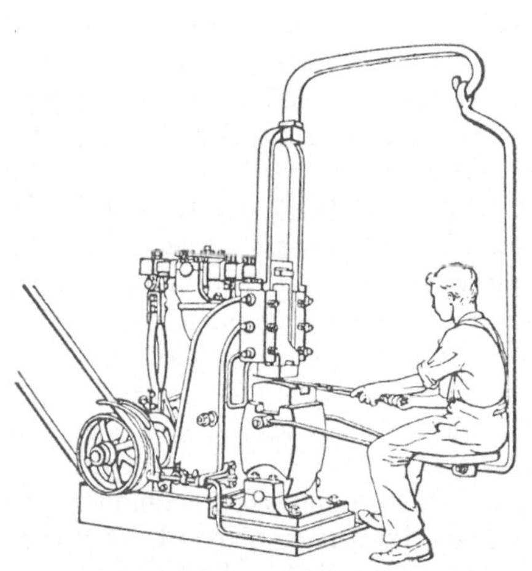

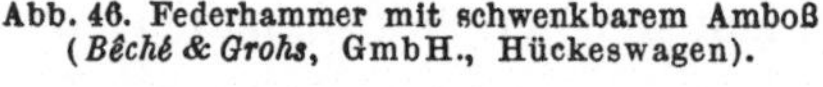

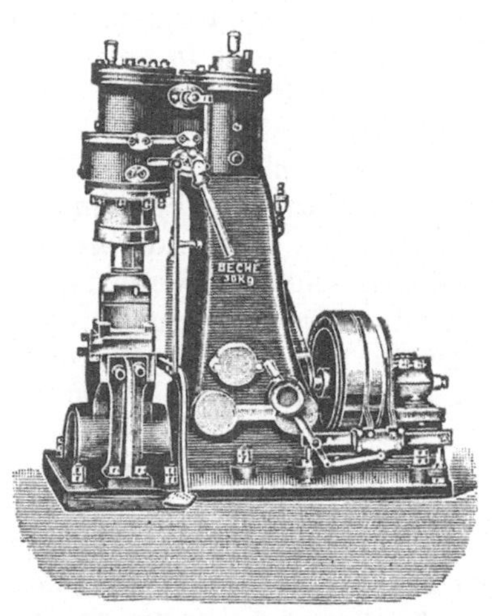

Abb. 46. Federhammer mit schwenkbarem Amboß
(*Bêché & Grohs*, GmbH., Hückeswagen).

Abb. 47. Lufthammer mit schwenkbarem Amboß
(*Bêché & Grohs*, GmbH., Hückeswagen).

breitetsten sind Federhämmer, und zwar weniger solche mit Blatt- als mit Bügelfeder. Sie sind billig, haben hohe Schlagzahl (bis 400 in der min), gute Regelung, einfache Handhabung und lange Lebensdauer. Aufwurfhämmer sind heute weniger in Gebrauch. Für das Fertigschmieden der Spitzen halbrunder und dreikantiger Feilen werden die mechanischen Hämmer mit schwingendem Amboß ausgeführt. Vollautomatische Schmiedehämmer sind nur für Sägefeilen eingeführt worden.

Soweit die glatte Amboßbahn für die Herstellung der Feilenform nicht ausreicht, wird in Gesenken geschmiedet. Die Körper werden hierzu nicht mit stumpfen, sondern schrägen Enden von der Stange geschnitten, damit an Spitze und Angel nicht zuviel Werkstoff bleibt. Für Dreikant- und Halbrundfeilen ist nur das Unterteil des Gesenkes profiliert; für Rundfeilen und ähnliche Formen Unter- und Oberteil. Zum Anspitzen befinden sich seitlich im Unter- und Obergesenk entsprechend geformte Kerben. Die Gesenkform wird vielfach durch Einschlagen eines gehärteten Formstückes hergestellt, worauf mit Meißel, Feile, Elektro-Rundfeile und Schaber oder den heute mehrfach auf den Markt gebrachten Gesenkfräsmaschinen fertiggearbeitet wird.

Das Schmieden der Angeln erfordert besonders bei Flachfeilen große Geschicklichkeit, da der Feilenkörper immer abwechselnd von der hohen Kante auf die flache Seite und umgekehrt gekantet werden muß. Bei Dreikantfeilen ist nach jedem Schlag um 60° herumzuwenden. Zum Ausschmieden der Angeln kleiner Feilen sind halbautomatische Vorrichtungen in Gebrauch, die den Feilenkörper im Gesenk drehen; sie werden vom Deckenvorgelege aus durch Kette angetrieben. Als Zeitdauer für das Schmieden der Form einschließlich des Abschneidens auf Länge werden im Mittel $20 \cdots 25$ s, für das Schmieden der Angel $10 \cdots 25$ s gerechnet. Zum Anspitzen von Dreikantfeilen sind $6 \cdots 8$, zum Fertigschlagen $10 \cdots 12$ Schläge erforderlich. Bei Halbrundfeilen erfordert das Anspitzen $14 \cdots 16$, die Formgebung im Gesenk etwa 20 Schläge. Nachgearbeitet wird mit dem Handhammer. Der Glühspan wird beim Schmieden zweckmäßig durch Druckluft entfernt.

An Stelle des Schmiedens wird auch das *Walzen* verwendet, und zwar für Körper und Angel. Dabei wird das abgeschnittene erhitzte Rohstück zwischen 2 Walzen durchgeführt, deren jede das halbe Profil von Körper und Angel aufweist. Der Umfangsbogen jeder Gesenkhälfte ist kleiner als der halbe Kreisumfang, so daß genügend Platz zum Einstecken des Feilenkörpers bleibt. Das Walzen ist besonders in Amerika und in England, aber auch in Deutschland eingeführt.

B. Glühen.

Die geschmiedete Feile ist hart und hat innere Spannungen, und das um so mehr, je ungleichmäßiger sie erwärmt wurde und erkaltete. Der Schmied arbeitet immer zwischen der Gefahr der zu niedrigen Temperatur, verbunden mit zu rascher Abkühlung, und der zu hohen Temperatur; bei jener wird die Feile zu hart, bei dieser wird sie spröde und ihre Oberfläche entkohlt. Das Weichmachen der Feilen muß durch sehr vorsichtiges Glühen erfolgen; nur gut geglühte Feilen lassen sich später leicht schleifen und hauen, und ihr Hieb wird besser und schärfer.

Die Glühung muß die Feile so weich machen wie irgend möglich, d.h. es muß sich körniger, nicht streifiger Perlit bilden. Das hängt von der Temperatur[1] ab, die durch den Kohlenstoffgehalt des Stahles bedingt ist. Es genügt nicht — wie dies oft geschieht —, einfach auf Rotglut zu erhitzen. Eine zu niedrige Temperatur läßt die Feilen zu hart. Die beste Temperatur liegt bei etwa $730 \cdots 750°$. Die Einhaltung dieser Temperatur muß durch Pyrometer kontrolliert werden. Die Dauer der Erhitzung hängt von der Größe der im Ofen eingesetzten Feilenmenge ab; bei einem mittelgroßen Flammofen beträgt sie $1^1/_2 \cdots 2$ h. Ist die richtige Temperatur erreicht, so hält man sie etwa $^1/_2$ h unverändert, stellt dann die Feuerung ab, dichtet den Ofen luftdicht ab und läßt ihn mit Inhalt langsam abkühlen. Das Glühen soll nicht zu lange dauern, da sich sonst das Gefügekorn vergröbert. Das Abkühlen bis etwa $300°$ dauert bei mittelgroßen Öfen und Feilenpaketen etwa 14 h.

Zum Glühen dienten früher Buchenholzöfen, Koks- oder Braunkohlen-Brikettöfen mit natürlichem Zug und vereinzelt Steinkohlen-Flammöfen mit künstlicher Luftzufuhr; die in den fortschrittlich eingerichteten Fabriken verwendeten neueren Glühöfen haben den Vorzug besserer Temperaturregelung. Steinkohlenflammöfen haben zwar den Vorzug gleichmäßiger Wärme im ganzen Ofen, die Steinkohle kann aber leicht schädlich auf den Stahl einwirken. Das Glühen in Muffeln, Blechkästen oder Röhren aus Grauguß und Stahlguß sowie das Glühen kleiner Feilen im Bleibad hat sich nicht allgemein bewährt. Die Feilen werden auf Eisenstangen oder Stahlgußschalen oder auf Schamotteplatten gelegt und Schicht für Schicht mit Holzspänen bedeckt. Man packt gewöhnlich große und kleine Feilen zusammen ein, und zwar die kleinen auf die großen. Die Gesamtbeschickung eines Koksofens wiegt etwa $1000 \cdots 2000$ kg; die eines Steinkohlenflammofens mit drei Kammern 3×400 kg.

Aufhaufeilen müssen noch sorgfältiger geglüht werden als neue Feilen, da bei ihnen die ganze Zahnschicht abgeschliffen werden muß. Die abgenutzten Feilen werden lagenweise im Ofen dick mit Kochsalz und Holzkohlenstaub bestreut, um den

---

[1] Vgl. Werkstattbuch Heft 7, H. HERBERS: Härten und Vergüten des Stahles.

Zunder, der sich aus dem zwischen den Zähnen sitzenden Schmutz bildet, zu lösen und um Auf- und Entkohlen zu vermeiden. Die Aufhauereien feuern ihre Glühöfen etwa 12 Std. lang und lassen sie dann 2···3 Tage ohne Feuerung stehen, worauf sie entleert werden.

C. Richten, Feilen, Schleifen.

Durch die vorhergehende Bearbeitung, wie Schmieden und Glühen, haben sich die Feilenkörper meistens so stark verzogen, daß sie, bevor sie weiter verarbeitet werden können, auf dem Richtamboß mit einem Richthammer wieder gerade-gerichtet werden müssen. Hierbei platzt der durch das Glühen entstandene Zunder ab. Die Richthämmer sind ähnlich ausgeführt wie die Feilenhauerhämmer (Abb. 48) und wiegen etwa $^3/_4$···4 kg, je nach Größe der zu richtenden Feilen. Für kleine und mittlere Feilen sind die Ambosse nicht verstählt, da diese Feilen auf einer harten Bahn nicht festliegen, sondern rutschen. Nur 16···20″ lange Feilen werden auf hartem Amboß gerichtet.

Die großen und mittleren Sorten (Dutzendfeilen) kommen dann zur genauen Formgebung zur Schleiferei, während die kleineren und vor allem die Präzisions-feilen mit der Hand auf gute und elegante Form gefeilt werden (besonders die Spitzen). In einigen Betrieben werden diese Feilen ebenso wie die größeren in der Schleiferei vorgeschliffen. Die Feilen werden meist naß auf Sandsteinen oder künstlichen Silikat-Steinen geschliffen. Die Steine dürfen nicht zu hart sein, sonst erzeugen sie trotz reichlicher Wasserzufuhr Brandflecken. Deshalb werden die natürlichen Sandsteine den Kunststeinen meist vorgezogen. Je weicher ge-schliffen, um so besser gehauen. Je mehr harte Stellen, um so mehr werden die Meißel stumpf.

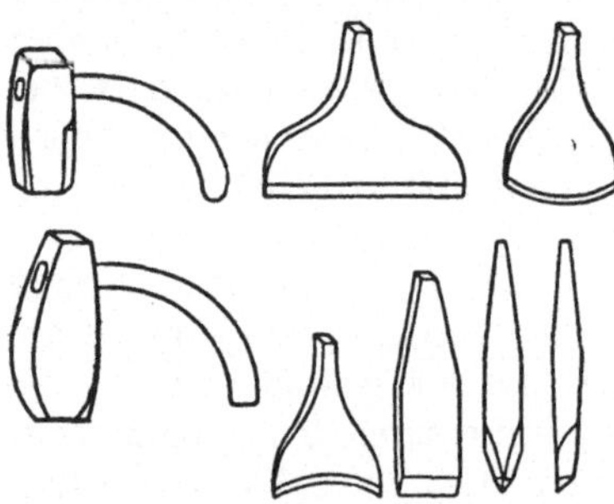

Abb. 48. Verschiedene Meißel- und Hammer-formen für Handhauer.

Die Härte der Steine soll höchstens 4 nach der Moнsschen Skala betragen, ihr Gefüge muß porenfrei und feinkörnig bis mittel-grob sein. Gut brauchbar ist Deister oder Oberkirchner Sandstein; viele Steine kommen auch aus der Eifel, vom Main und von der Mosel. Am besten sind die weißen Steine, da sie am weichsten sind, aber auch rote Sandsteine mit Kalk, Fluß-spat, Glimmer und ähnlichen Einschlüssen können brauchbar sein. Das spezifische Gewicht soll zwischen 2 und 2,5 liegen, die Druckfestigkeit 300···1000 kg/cm² be-tragen. Vor ihrer Verwendung müssen die Steine genügend lange gelagert sein, damit sie gut trocken sind und beim Gebrauch nicht zerspringen. Zwischen den Gußflanschen und dem Stein sind genügend starke Holzeinlagen vorzusehen. Die Bohrung des Steines muß stets größer als die Welle sein, damit der Stein leicht ausgerichtet werden kann. Ein Auswuchten des Steines nach der Montage ist selbstverständlich immer notwendig. Jeder neue Stein muß mindestens 1 Tag leer laufen und wiederholt ein- und ausgeschaltet werden.

Die früher gebräuchlichen Steine hatten meist einen Durchmesser von 100 bis 150 cm und eine Breite von 15···20 cm. Heute werden Steine bis 250 cm ⌀ und 35 cm Breite gebraucht, die ein Gewicht bis zu 4200 kg haben. Der günstigste Steindurchmesser ist etwa 200 cm, der bis auf etwa 80 cm abgenutzt wird. Der Kraftbedarf eines Steines schwankt zwischen 8 und 17 PS. Die Umfangsgeschwin-digkeit soll etwa 800···1000 m/min betragen. Obwohl die Steine nur selten zer-springen, ist es doch unumgänglich notwendig, einen genügend starken, fest ver-ankerten Schutzkasten anzubringen, um Unfälle sicher zu vermeiden. Ein Laufkran zwischen Schleifscheibenlager und Schleifstand gestattet dem Schleifer, den Stein mit wenigen Hilfskräften in die Maschine einzusetzen.

Die Sandsteine werden mit einem pickenähnlichen Werkzeug aufgehackt und abgerichtet. Hierbei wird eine Reihe großer und unregelmäßiger Nuten über die Fläche des Steines hinweg mit einem Winkel von $10\cdots15°$ aufgeschlagen. Der Stein wird dabei von dem Arbeiter von Hand oder mit dem Fuß vorwärts geschoben. Neuerdings verwendet man dazu auch Abdrehapparate mit Haurädern. Sie gestatten, den Stein in etwa 2 min zu schärfen, während man mit der Picke etwa $1\cdots2$ h braucht. Die Abdrehapparate kosten jedoch sehr viel Stein und machen ihn nicht so griffig wie das Aufhacken von Hand.

Die bauchige Form der Feilen wird beim Schleifen durch Schablonen erzeugt.

Die frühere Überlegenheit der englischen Feilen war zum Teil auf ihr gutes Schleifen zurückzuführen, das die Oberflächen genau eben und glatt machte. Die deutschen Feilen waren damals dagegen nur geraspelt.

Die Schleifer arbeiteten früher in niedrigen feuchten Räumen und ohne genügende Lüftung (den sog. Schleifkotten). Dadurch litten die meisten an den Berufskrankheiten Gicht und Lungenschwindsucht und starben früh. Die heutigen Räume sind wesentlich besser; sie haben genügend Licht und Lüftung. Bei der Arbeit steht der Schleifer in ,,Schleifstiefeln". Das sind U-förmige Gehäuse aus starken Brettern (neuerdings werden auch Schleifstiefel aus Aluminium gebraucht), deren Vorderseiten mit Eisenschienen beschlagen sind. Die Feilen werden in Holzformen, die einen Hebelgriff tragen, aufgenommen und mit den Knien gegen den Schleifstein gedrückt. Mit dem Rücken lehnt der Schleifer gegen ein Stützbrett, an dem gewöhnlich noch ein Querholz befestigt ist, auf das er sich aufsetzen kann. Zum Schutz gegen Spritzwasser ist der Stand des Arbeiters oft mit Brettern oder Säcken umkleidet; der ganze Stand kann nachgeschoben werden, um der Abnutzung des Steines Rechnung zu tragen.

Kleine Feilen ($3\cdots5''$ lang) werden nur quer geschliffen, und zwar schräg zu ihrer Achse. Hierdurch entsteht kein Grat, wie beim Schleifen rechtwinklig zur Achse. Werden die kleinen Feilen zu lange geschliffen, so bilden sich starke Riefen in dem Stein, der dann sehr oft nachgearbeitet werden muß. Feilen über $5''$ Länge werden zunächst quer geschliffen, bis sie ganz blank sind, dann noch einmal der Länge nach, um den ersten Schleifstrich wegzunehmen, da die beiden Flächen der größeren Feilen beim Querschleifen vor dem Stein nicht ganz eben zu halten sind. Die Rücken der halbrunden und die runden Feilen werden nur quer geschliffen, ebenso die hohen Kanten der flachen Feilen.

Notwendig ist, so viel Werkstoff wegzuschleifen, daß die beim Schmieden und Glühen entkohlte Schicht restlos entfernt wird, also mindestens 0,3 mm.

Nach dem Schleifen werden die Feilen in Kalkwasser getaucht; es bleibt dann eine dünne Schicht von kohlensaurem Kalk zurück, die die Feile, bevor sie weiter verarbeitet wird, vor Rost schützt.

Zusammenstellung der am häufigsten vorkommenden *Schleiffehler*[1]:

1. Löcher im Feilenkörper. Dadurch entstehen später zu kurze bzw. stumpfe Zähne.
2. Wellenförmige Oberfläche durch ungleichmäßiges Andrücken an den Stein.
3. Windschiefe Fläche.
4. Kanten nicht scharf.
5. Körper konkav bzw. konvex.
6. Oberfläche unrein, Zunder nicht ganz entfernt. Die Feilen zeigen später nach der Härtung weiche Stellen.

---

[1] Nach Dr. OFFERMANN: Feilen (Dissertationsschrift).

7. Brandflecke auf dem Körper von zu starkem Andrücken gegen den Stein. Dadurch harte Stellen, auf denen der Meißel leicht ausbricht.
8. Feile ist *zu*geschliffen = glasiert durch zu hohen Schleifdruck, zu harte oder zu stumpfe Steine.
9. Die Feile hat Schleifrisse.
10. Halbrunde Feilen sind kantig, runde unrund geschliffen.

Neben dem vorher beschriebenen Schleifen der Feilen von Hand werden heute, namentlich in größeren Betrieben, vielfach *Schleifmaschinen* benutzt, bei denen eine Anzahl gleich geformter Feilen nebeneinander in einer Aufnahme liegt und gleichzeitig geschliffen wird. Es können allerdings nur flache Feilen maschinell geschliffen werden. Die Verwendung der Maschinen lohnt sich nur bei der Herstellung von großen Feilenmengen. Die Maschinen haben einen sehr hohen Kraftverbrauch, dagegen den Vorzug, daß sie rascher und genauer arbeiten als Handschleifer, und daß das Arbeiten viel weniger ungesund ist. Die Scheiben, die auf diesen Maschinen verwendet werden, sind teils Sandsteine wie beim Handschleifen, teils gebrannte oder gebackene Schleifscheiben (Korundscheiben mit Silikatbindung in Körnung 40···60), wie sie in der übrigen Metallindustrie verwendet werden. Die meisten Feilenfabriken bevorzugen heute noch, wie bereits erwähnt Sandsteine, da bei diesen die geschliffene Fläche glatter und weicher wird als bei den gebrannten Steinen, während die Schleifleistung immer noch genügend hoch ist. Selbst bei starker Wasserzufuhr wird die Oberfläche der Feilenkörper beim Schleifen mit Kunststeinen sehr leicht hart und glasig und weist sehr oft Brandflecke auf.

Abb. 49. Feilenschleifmaschine
(*G. Frowein & Co.*, Radevormwald-Bergerhof/Rhld.).

Eins der Haupterfordernisse bei Feilenschleifmaschinen ist, dafür zu sorgen, daß die Schleifsteine offen und genau eben bleiben; alle Vertiefungen müssen unbedingt vermieden werden. Deshalb werden bei einigen Maschinen die Schleifscheibenwellen durch eine besondere Vorrichtung so angetrieben, daß der Stein während des Schleifens sich seitlich hin- und herbewegt.

Es gibt verschiedene Bauarten von Feilenschleifmaschinen. Für die Feilenschleifmaschine Bauart FROWEIN wird angegeben, daß 8···10 Stück flache Seiten oder 25···30 Stück hohe Kanten gleichzeitig geschliffen werden können (Abb. 49).

WILHELM BLUMBERG, Wermelskirchen (Rhld.), baut eine Feilenschleifmaschine mit hydraulischer Schleiftischbewegung zum Schleifen von planparallelen und gekurvten Flächen an Feilen bis zu 12″ Länge. Geschliffen werden Flach-, Schwert-, Messer-, Mühlsägen- und Dreikantfeilen. Die geschliffenen Flächen sollen unbedingt plan sein; Kurven ergeben sich zwangläufig durch Schablonenführung. Zum Schleifen dient ein Naxos-Schleifring. Die Maschine kann durch angelernte Arbeiter bedient werden, macht also ausgebildete Schleifer für andere Arbeiten frei. Für Rundfeilen wird ein Spezial-Schleifobertisch mitgeliefert, der das mechanische Schleifen von 20 Dtzd. Rundfeilen 10″ lang in der Stunde ermöglicht.

Außer diesen Seitlich-Schleifmaschinen baut man auch halbautomatische Feilen-Rundschleifmaschinen für Schleifringe oder Segmentkränze, für die als Leistung genannt wird:

Halbrunde Feilen 18″ 7 Dtzd. stündlich

„   „   12″ 10 „   „

„   „   8″ 12 „   „

Bei einer Feilenschleifmaschine Bauart PEISELER schwingen die Feilen vor dem Stein, wälzen sich also an diesem ab. Das Triebwerk ist von der Maschine getrennt aufgestellt, also vor Schleifschmutz geschützt. Der Schleifdruck wird je nach Feilenart durch Spannen einer Zugfeder eingestellt. Die Leistung ist etwa zweimal so groß wie die eines Handschleifers.

Im allgemeinen kann gesagt werden, daß sich die selbsttätig arbeitenden Schleifmaschinen lange nicht in dem Maße eingeführt haben, wie etwa die Haumaschinen. Das Einrichten dieser Maschinen ist sehr schwierig. Das abgeschlämmte Schleifmaterial und die große Kühlwassermenge bringen für die bewegten Teile einen hohen Verschleiß mit sich, so daß diese Teile gut geschützt werden müssen. Aber im Ganzen wird mehr geschliffen als gefeilt; jedoch die letzten Feinheiten der schönen Form und guten Spitzen bei den Präzisionsfeilen verbleiben dem Handfeilen.

D. Abfeilen, Hobeln, Formfeilen, Stempeln.

Das Schleifen der Feilenkörper, wie unter C beschrieben, ist nicht bei allen Feilen möglich, oder es ergibt nicht bei allen Feilen die notwendige Sauberkeit und Formenschönheit. Fast alle kleinen Feilen, auch einige größere, besonders aber alle Rundfeilen und Präzisionsfeilen müssen von Hand oder auf der Maschine mit der *Feile* fertig geformt werden. Es muß sehr sorgfältig gefeilt werden, damit der Körper gut aussieht; besonders ist auf gute Spitze zu achten. Zur Vermeidung des Reißens wurde der Feilenkörper früher mit Kreide eingerieben; heute nimmt man dafür Feilen mit einem Sonderhieb, der ein Reißen vermeidet (langer feiner Unterhieb, kurzer gerader Oberhieb). Schlichtfeilen werden heute immer auf der Maschine abgefeilt, damit sie möglichst gerade und saubere Flächen erhalten. Dieses Abfeilen, „Abziehen" genannt, geschieht in der Längsrichtung der Feile. Die Abziehfeile wird hierbei rechtwinklig zu ihrer Längsrichtung hin- und herbewegt.

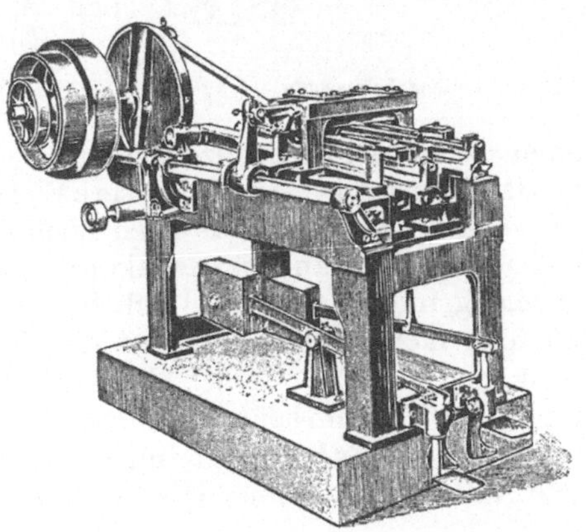

Abb. 50. Feilenabziehmaschine (*Frowein*).

Kleine Sonderfeilen, Uhrmacherfeilen, feine Mechanikerfeilen sowie alle Riffelfeilen werden nur von Hand, ohne vorheriges Schleifen, fertiggemacht.

In früheren Zeiten feilten sich die Feilenhauer die Feilen selbst auf Maß. Besondere Feilereibetriebe sind erst in neuerer Zeit von den Feilenfabriken eingerichtet worden. Für mittelgroße und größere Feilen gibt es Feilenabziehmaschinen, die etwa 40···80 Doppelhübe/min je nach Größe der Maschine machen (Abb. 50). Die Abziehfeile der Maschine besitzt keine Angel und hat rechteckigen Querschnitt, sie ist auf beiden Seiten mit oben erwähntem Sonderhieb gehauen.

Runde Feilen und die Rücken der halbrunden können maschinell abgezogen werden; sie werden dabei durch einen Zahnradantrieb gedreht.

Je feiner und genauer die nachher aufzubringende Hiebart ist, desto sauberer muß die Feile abgezogen werden. Das ist selbstverständlich, wenn man berücksichtigt, daß das Abschleifen ein ziemlich roher Vorgang ist.

Der Hieb alter Feilen (*Aufhaufeilen* s. S. 37) wird vielfach nicht abgeschliffen, sondern *abgehobelt*. Früher wurden die Feilen warm gemacht und dann abgefeilt oder abgefräst. Insbesondere bei großen Aufhaufeilen nimmt man den Schmutz und die Zähne durch Hobelmesser herunter, um Schleifsteine zu sparen. Hierbei ist ein Nachschleifen nur als Schlichtarbeit erforderlich. Man kann, wenn vorgehobelt wird, mit zwei Steinen soviel schleifen wie sonst mit drei.

Es wird auf einfachen Maschinen gehobelt, bei denen ein breites Messer über die ganze Breite auf einmal streicht. Abb. 51 zeigt eine Hobelmaschine. Der Meißelkopf ist um die waagerechte Achse schwenkbar; er wird der Krümmung des Feilenkörpers entsprechend mit Handhebel oder Handspindel höher und tiefer eingestellt. Die Patrone, auf welcher die zu hobelnde Feile lagert, ist beweglich und wird durch den Meißel selbsttätig so eingestellt, daß durch die Unebenheiten der Feile keine Störung entsteht. Das unheilvolle Einhaken des Meißels (s. S. 25) beim Hobeln ist ausgeschlossen. Zum Hobeln der Seitenkanten wird die Patrone mittels der Seiteneinstellung festgesetzt. Umsteuerung selbsttätig, Rücklauf hat doppelte Geschwindigkeit des Vorlaufes, Belastung durch Gewicht oder Spindel. Es wird von der Angel zur Spitze gehobelt.

Abb. 51. Feilenhobelmaschine (*Frowein*).

Nachdem die Feilenkörper entweder durch Schleifen oder durch Feilen fertiggestellt sind, werden sie mit dem Firmenzeichen usw. geprägt, am besten auf Reibspindelpressen. Von Hand zeichnen nur noch kleinere Werkstätten. Das Firmenzeichen und die Hiebbezeichnung, gegebenenfalls auch noch Zeichen über Stahlgüte, Behandlung usw. werden am besten auf die Hochkanten der Angel gestempelt, damit sie auch nach mehrmaligem Aufhauen noch sichtbar bleiben. Irgendwelche Zeichen, die nach dem Aufhauen nicht mehr hervortreten sollen, werden auf dem sog. Spiegel der Feile, das ist der Übergang von der Flachseite des Feilenkörpers zur Angel, angebracht; dieser Teil wird beim späteren Aufhauen mit übergeschliffen. Bei *Aufhaufeilen* sollte das Zeichen der Aufhaufirma immer auf dem Spiegel gestempelt werden, damit die letzte Aufhaufirma immer mit Leichtigkeit festgestellt werden kann (vgl. S. 49).

E. Das Zahnen, Hauen, Schneiden, Abziehen.

Da das Hauen die älteste und gewissermaßen klassische, und auch schwierigste Art des Verzahnens darstellt, sei diese Technik bevorzugt dargestellt.

1. Hauen von Hand. Früher wurden alle Feilen von Hand gehauen, während heute fast nur noch maschinengehauene Feilen hergestellt werden.

Das Handwerkzeug des Hauers besteht aus Hammer, Amboß und Meißel. Der Amboß ist auch hier unverstählt, da sonst die Feile rutschen würde. Der Amboß steht auf einem Amboßstock (Baumstumpf). Die erste Seite der Feilen wird unmittelbar auf der ebenen Amboßbahn gehauen. Beim Hauen der zweiten

Seite und der Hochkante wird als Unterlage Weichmetall im Amboß benutzt, in das sich die Zähne der schon gehauenen Feilenseite eingraben. Bezüglich der Art des Weichmetalls s. S. 28 unten.

Auf dieser Unterlage werden die profilierten Feilen (halbrund, dreikant) gehauen. Mit Riemenzug und Fuß werden die Feilen festgespannt. Die verschiedenen Meißel- und Hammerformen zeigt Abb. 48 (S. 20).

Das Meißelgewicht schwankt zwischen etwa 20 und 700 g. Die Meißel werden von der Stange abgehauen, dann wird das Blatt ausgeschmiedet und der Kopf fertig geschmiedet. Danach wird vorgeschliffen, gehärtet, angelassen, scharfgeschliffen und abgezogen; der Kopf bleibt weich. Das Gewicht der Hämmer schwankt zwischen 0,25 und etwa 5 kg.

Als historisch interessant erwähnt OTTO DICK, daß man erst aus einem Bilde vom Jahre 1534 die Arbeitsweise unter Verwendung von Hammer und Meißel als zwei getrennten Werkzeugen kennt, während vorher (und auch noch bis zum Anfang des 19. Jahrhunderts) mit dem beiderseits zugeschärften Hammer gehauen wurde.

Die zu hauende Seite der Feile wird mit etwas Öl eingefettet, damit sich die Hiebe besser aufwerfen und die Meißel länger scharf bleiben. Der Meißel legt sich bei jedem Schlag gegen den Rücken des vorher aufgehauenen Grates. Die Stärke des Hiebes richtet sich nach der Form der Feile: an der Spitze ist er am schwächsten, an der größten Breite am stärksten. Auch richtet er sich nach der verschiedenen Härte des Feilenmaterials. Außerdem ist die Gröbe des Hiebes von der Form der Feile abhängig (vgl. hierzu S. 29). Die Kunst liegt darin, mit dem nötigen Gefühl den Meißel schräg zu halten und die Schlagstärke dem zu hauenden Hieb und der Breite der Feile anzupassen. Die Gleichmäßigkeit des Handhauens eines geübten Feilenhauers ist imponierend und das — je nach Größe und Hiebart — bei einem Tempo von 80⋯220 Hieben in der Minute. Als Zeitverlust für das Weiterrücken, Herausnehmen und Umspannen der Feilen kann etwa ein Drittel der Arbeitszeit gerechnet werden.

Die *Hauer* teilen sich in ebenso viele Klassen, wie es Hiebarten für Feilen und Raspeln gibt. Im Bergischen Lande wurden noch in den 80er Jahren Kinder zum Kantenkippen an Sägefeilen herangezogen. Kleine Uhrmacherfeilen werden häufig von Mädchen gehauen, die hierzu ein größeres Feingefühl besitzen.

In Deutschland wurde bis Ende des 18. Jahrhunderts von der Angel nach der Spitze gehauen, dann ging man zur umgekehrten Richtung, von der Spitze zur Angel, über, wie dies schon in England Ende des 17. Jahrhunderts üblich war, da es größere Regelmäßigkeit ergibt. Im übrigen haute man damals genau so wie heute.

Wenn der Unterhieb fertig ist, muß der äußerste Grat mit flacher Handfeile etwas abgestrichen werden, bevor der obere Hieb aufgesetzt wird. Der Meißel würde sonst beim Hauen des Oberhiebes festhaken (s. S. 24). Man darf nicht zu tief abstreichen, sonst wird der Zahn nicht scharf genug, wenn er auch kräftig ausfällt. Bei mit Maschinen gehauenen Feilen ist dies nicht nötig, da hier der Unterhieb ganz gleichmäßig ausfällt und die Zahnspitzen gleich hoch sind. Die Kanten der Feile müssen immer dann abgezogen (abgestrichen) werden, wenn beide dort zusammenstoßenden Flächen gehauen sind, da sonst der Kantenhieb unsauber ausfällt. Kleine und mittlere Feilen sind meist nicht so sauber geschliffen, daß sie gleich gehauen werden können; das gilt für handgehauene wie für maschinengehauene Feilen. Auch ist bei halbrunden Feilen die Flachseite nach dem Hauen des Rückens abzuziehen, um die entstandenen Seitenwülste zu entfernen.

Das Raspelhauen ist besonders schwer, da der dreiseitig zugeschliffene Meißel hier nicht an den vorderen Zahn angelegt werden kann, sondern nach Augenmaß gehauen wird.

Für bestimmte Feilenarten war das Handhauen noch lange üblich, z. B. für Sonderfeilen und für die stark bauchigen dreikantigen Sägefeilen. Heute gibt es auch hierfür Maschinen, nur noch etwa 5% werden mit der Hand gehauen. Für besondere Stoffe (Isolierstoffe, auch Messing) werden von einigen Käufern ausnahmsweise noch handgehauene Feilen verlangt, da bei dem Handhauen ein besonders feiner Flaum (Fliem, äußerste feinste Zahnspitzen) entsteht, der den zu feilenden Werkstoff gut angreift. Ist dieser Fliem abgenutzt, so können die Feilen immer noch für Stahl und Eisen verwendet werden. Ob die Liebhaber handgehauener Feilen solche wirklich immer erhalten, ist fraglich, besonders bei Bestellungen größerer Posten. Erfahrene Handhauer sind heute wenig zahlreich. Die Versuchung für kleine Aufhauereien liegt nahe, die ihnen übergebenen Feilen in Feilenfabriken mit der Maschine aufhauen zu lassen. Der Deutsche Feilenbund sieht für handgehauene Feilen einen Aufpreis von 15% gegenüber maschinengehauenen vor.

Über das Leistungsverhältnis zwischen Hand- und Maschinenhauer macht OTTO DICK folgende Angaben:

	Hieb	Stück in 10 h		
		B	½ S	S
Leistung des Handhauers } für 12″ Dutzendfeilen		38	32	25
Leistung des Maschinenhauers }		170	135	120

Voraussetzung für obige Leistungen ist, daß beide Hauer, namentlich aber der Maschinenhauer, ihre Meißel stets richtig scharf halten.

2. Haumaschinen.

Die ersten Haumaschinen entstanden in Italien. Eine der ersten Haumaschinen konstruierte LEONARDO DA VINCI vor 1505. Die alten englischen Maschinen hatten ähnlich wie Leonardos Maschine schwingende Hämmer. Diese befriedigten aber nicht, denn sie waren vor allem nicht schwer genug: die arbeitenden Teile waren zu schwach und die Führungen des Meißelhalters nicht genügend durchkonstruiert.

Nach 1870 tauchte eine Maschine von BELLOTT in Paris auf, die gute Arbeit zum achten Teil der gewöhnlichen Kosten lieferte und 1000 Meißelschläge in der min ausführte. Die Franzosen hatten damals in Maschinen für Uhrmacher und Feinmechaniker einen großen Vorsprung in Europa. Die ersten in Deutschland arbeitenden Haumaschinen waren durchweg englischen und amerikanischen Ursprungs. Etwa um 1880 verbesserte man die Maschinen in Deutschland. Im großen ganzen wollte man aber zunächst nichts vom Maschinenhieb wissen, obgleich tatsächlich der maschinengehauene Zahn dem handgehauenen durchaus entsprach, vorausgesetzt, daß das Material für die Feile gleichmäßig war. Waren harte Stellen vorhanden, so konnte sich die Hand diesen besser anpassen als die Maschine. Die anderen Schwierigkeiten: Änderung der Feinheit und Tiefe des Hiebes nach der Spitze zu, des Winkels nach der Bauchigkeit, konnten überwunden werden. Zur selben Zeit wurde dann in Birmingham, in Berlin und auch in Nordamerika je eine Fabrik für maschinengehauene Feilen eingerichtet. Ein vollständiger Maschinensatz einer derartigen Fabrik bestand aus Schmiedemaschinen, einer Schleifmaschine und sieben Feilenhaumaschinen für die verschiedenen Feilensorten. Später tauchte eine Maschine der Firma G. Pfaffenhoff auf, die dann von der Firma I. G. Peiseler gebaut wurde.

Etwa 60 Jahre lang baute die Firma G. Frowein & Co. Feilenhaumaschinen, die heute die verbreitetsten in Deutschland sind. Sie sind gemeinsam mit der Firma Bêché & Grohs entwickelt worden.

Es ist nun nicht im entferntesten möglich, auf die einzelnen Zwischenstufen der Konstruktionen bis zur endlichen Vollendung einzugehen. Dies an Hand der umfangreichen Patentliteratur zu tun, würde über den Rahmen dieses in der Hauptsache für den Verbraucher bestimmten Büchleins hinausgehen.

Die Haumaschine benötigt grundsätzlich die gleichen Glieder wie das Hauen von Hand, doch ist die Arbeitsverteilung eine andere insofern, als der Meißel mit dem Hammer fest verbunden ist und durch feste Führung genau gesicherte Auf- und Abwärtsbewegungen ausführt. Die von Zahn zu Zahn notwendige Längsverschiebung wird von der Feile ausgeführt, wobei ein durch Feder oder Gewicht belasteter Drücker die Feile fest auf der Unterlage hält.

Diese drei Grundglieder, *Hammer, Schlitten* und *Drücker,* finden sich bei allen Feilenhaumaschinen wieder. Im Hammer sitzt der Meißel drehbar zur Einstellung des richtigen Hiebwinkels. Aufwärts bewegt wird der den Meißel tragende Hammer durch eine Daumenscheibe, während er durch eine kräftige Druckfeder nach unten geschleudert wird. Der die Feile tragende Schlitten wird meist durch eine Schraubenspindel entweder ruckweise mittels Sperrwerk, wie in Abb. 52, oder auch fortgesetzt durch Riemenantrieb, wie in Abb. 53 bewegt. Das erste System soll den besseren Zahn hauen. Die große Leitspindel ist durch Bremse gesichert. Die ruckweise Bewegung ist für große Feilen mit breiten Hiebflächen die zweckmäßigere.

Der Schlitten muß schwer sein, da er stärker beansprucht wird als bei jeder anderen Werkzeugmaschine. Er ist je nach dem Hiebwinkel einstellbar. Der Drücker soll in unmittelbarer Nähe des Meißels aufliegen und nach allen Seiten leicht verstellbar sein, um der Feilenform leicht angepaßt werden zu können.

An Stelle von Einzelbeschreibungen der Haumaschinen seien hier die konstruktiven Kernpunkte angegeben, die von führenden Firmen ihren Maschinen nachgesagt werden:

Regelmäßiger Hieb, gute und sichere Meißelführung, einfache Handhabung, rasches Arbeiten.

Einstellung der *Schlagstärke des Hammers* durch Veränderung der Federspannung vor Beginn des Hauens, d.h. der Hiebtiefe, je nach Breite und Länge der Feile und Härte des Feilenmaterials.

Abb. 52. Feilenhaumaschine mit ruckweiser Bewegung des Schlittens durch Sperrwerk (*Frowein*). Auch Ausführung mit Einbaumotor.

a Hammerbalken, geschliffen; *b* Rotgußführung; *c* Daumen, auf Welle aufgeschraubt; *d* Rädergetriebe für 46 verschiedene Hiebarten; *e* Schalthebel zum Heben, Senken und Festhalten des Hammers.

Abb. 53. Feilenhaumaschine mit fortlaufender Bewegung des Schlittens (*Bêché & Grohs*).

Regelung der Schlagstärke während des Hauens in mäßigen Grenzen von Hand, entsprechend der veränderlichen Feilendicke und Feilenbreite von der Angel zur Spitze.

Höheneinstellung des Hammers vor Beginn des Hauens, entsprechend der Feilendicke und Meißellänge.

Einstellung der *Schlittengeschwindigkeit* den verschiedenen Hiebarten entsprechend (falls man die feineren Feilen nicht auf kleineren Maschinen haut).

Bei Sondermaschinen für stark bauchige Feilen, insbesondere Raspeln: selbsttätige Regelung des *Hauwinkels* durch Schlittenkippen während des Hauens — dem bei bauchigen Feilen sich ständig ändernden Oberflächenwinkel entsprechend — zur Erzielung gleichmäßigen Spanwinkels.

Ein Urteil des bekannten Technologen KARMARSCH vom Jahre 1891 soll an dieser Stelle zitiert werden, weil es mindestens von historischem Interesse ist:

„Feilenhaumaschinen sind mehrfach entworfen und versucht, aber ihrer unvollkommenen oder kostspieligen Leistung wegen wieder aufgegeben worden. Ob die neuesten, besonders gerühmten Maschinen ein besseres Schicksal haben werden, muß man abwarten. Das Hauen auf der Maschine unterliegt mancherlei Schwierigkeiten. Vorzugsweise ist zu bemerken, daß fast alle Feilen sich zu einer Spitze verjüngen und mit bauchigen Flächen versehen sind. Vermöge der Zuspitzung sind die Flächen in verschiedenen Stellen der Feilenlänge ungleich breit, und es kann folglich ein mit bestimmter unveränderlicher Kraft schlagender Hammer nicht überall den Meißel zu gleicher Tiefe eintreiben, wie es doch zum Erlangen eines gleichmäßig beschaffenen Hiebes unerläßlich ist; vielmehr muß der Schlag von gegebener Stärke einen tieferen Einschnitt auf den schmalen Stellen der Feile erzeugen, wo der ihm entgegengesetzte Widerstand geringer ist, und einen seichteren Einschnitt auf den breiten Stellen, wo mehr Metallpunkte widerstehen: daher die Notwendigkeit, die Stärke des Schlages nach Bedarf zu regeln. Zufolge der Wölbung der Feilenoberfläche aber muß sich die Richtungslinie des Meißels in Beziehung zur Senkrechten allmählich ändern, damit ihre Neigung gegen jene Oberfläche stets dieselbe bleibt, und entsprechend muß die Richtung des Hammerschlages eine andere werden."

Diese Forderungen sind heute bei allen Systemen verwirklicht, und zwar mit verhältnismäßig einfachen Mitteln. Die Schlagstärke wird durch Auswechseln der Druckfeder oder durch verschiedenes Anspannen eingestellt und geregelt. Zur Regelung der Schlagstärke für die von der Spitze zur Angel sich ändernde Breite dient eine Schablone, von der aus die Spannung der Feder durch Kette und Leitrolle geändert wird. Je nach der Feilenbreite werden die Schablonen ausgewechselt.

Der Meißel wird entsprechend der Feilenstärke und Meißellänge durch Versetzen des Hammers eingestellt. Kleine Unterschiede in der Meißellänge werden durch Einlegen von Blechstreifen zwischen Meißel und Meißelhalter ausgeglichen. Die Schlittengeschwindigkeit wird durch Auswechseln der Vorschubsperräder bzw. durch Änderung der Übersetzung eingestellt.

Nachdem auf der Maschine eine Seite fertig gehauen ist, wird die zweite Seite auf einer Blei- oder Zinkunterlage gehauen. Früher wurden nur Bleiunterlagen gebraucht. Blei kann sich in den Zähnen festsetzen und ist außerdem gesundheitsschädlich, zumal es durch das fortwährende Schlagen zermahlen wird. Trotzdem benutzen auch heute noch viele Hauer Bleiunterlagen, wohl mehr aus alter Gewohnheit aus der Zeit, als Zink noch kein gängiges Metall war. Zinkunterlagen müssen gut weich sein und nach einiger Zeit wieder sorgfältig durch Erhitzen weich gemacht werden, sonst können die Zahnflieme der fertigen Seite beim Hauen der anderen Seite abbrechen, und beide Seiten der Feile fallen ganz verschieden aus.

Runde Feilen können auch umlaufend gehauen werden, so daß eine ununterbrochene Spirale entsteht; dadurch ergibt sich eine genaue Rundung, aber ein weniger scharfer Schnitt als bei absatzweisem Hauen.

Die Firma Frowein nennt als Besonderheiten ihrer Maschine noch die folgenden:

„Automatischer dreimal schnellerer Rücklauf mit selbsttätiger Ausschaltung des Schlittens, der dem Arbeiter beide Hände frei läßt zum Auswechseln, Wenden und Anschmieren der Feile.

Ein und derselbe Hebel, der Vorschub und Rücklauf des Schlittens automatisch ein- und ausrückt und den Presser und Gewichtshebel automatisch niederdrückt.

Leicht zu betätigender Fußhebel, der den Hammer hebt, senkt und festhält und ihn wieder in Bewegung setzt, als auch den Schlag an der Spitze dämpft.

Die Maschine braucht nicht nach jedem Arbeitsgang stillgesetzt (ausgerückt) zu werden.
Jede der 46 verschiedenen Hiebarten wird durch ein sog. Nortongetriebe augenblicklich durch einen Hebelgriff eingestellt. Der zeitraubende Scheibenwechsel fällt weg.

Die Maschine kann auch Wellenhieb hauen".

So ausgestattete Maschinen sind genügend anpassungsfähig, um gleichartige flache Feilen zu hauen. Zum Aufhauen von Halbrundfeilen ist außerdem noch eine Regelung des Hubes sowohl durch Fußtritt als auch selbsttätig erforderlich, und weiterhin eine schwenkbare Aufnahmevorrichtung für die Feile.

Feilenhaumaschinen machen je nach Größe 400···1200 Umläufe bzw. Schläge in der min, bei kleinen Sondermaschinen geht man bis zu 1800 Schlägen. Einzelne Maschinen, z. B. solche zum „Kippen" der Kanten von Sägefeilen, machen sogar bis zu 2200 Schläge. Der Kraftbedarf beträgt etwa 0,5···1 PS. Eine 12″ Flachfeile mit Bastardhieb haut man zweckmäßig bei 600 Schlägen; d.h. für ihre zu hauende Länge von 11″ und bei 15 Hieben auf 1″ gebraucht man etwa 17 s Hauzeit. Die durchschnittliche Stundenleistung einer solchen Maschine beträgt aber infolge der Aufspann- und Regulierzeiten nur 45 Seiten. Für Nebenzeiten müssen im ganzen etwa 60% der Hauzeit gerechnet werden; hierzu gehören: Stillsetzen des Hammers und des Schlittens durch Umlegen des Antriebsriemens auf die Losscheibe, Lösen des Drückers, Auswechseln der

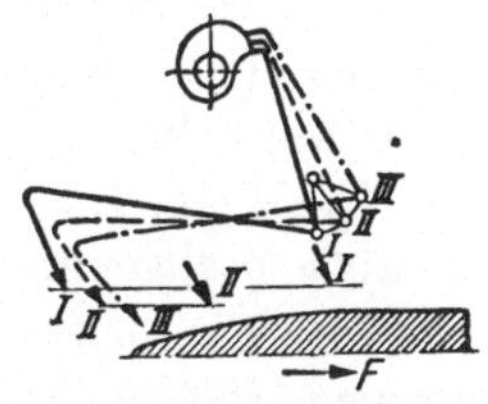

Abb. 54. Schematische Darstellung der Hammerregulierung einer Raspelhaumaschine (*J. Gottlieb Peiseler*, Werkzeug- u. Maschinenfabrik, Remscheid-Haddenbach).

Feilen, Auslösen des Sperrwerkes und der Bremse, Zurückführen des Schlittens, Aufsetzen des Drückers, Wiedereinrücken und Hauen, außerdem Schleifen des Meißels.

Es gibt auch verbesserte Maschinen, bei denen die einzelnen Getriebe derartig miteinander verbunden sind, daß sie zusammen in beliebiger Reihenfolge durch ein einziges Organ betätigt und ausgeschaltet werden können. Auch kann der Schlitten unter Stillsetzung an bestimmter Stelle selbsttätig ausgeschaltet und zurückgeführt werden.

Die Abb. 54 zeigt schematisch eine Hammerregulierung für eine Maschine zum Hauen stark bauchiger Körper, besonders Raspeln. Der Meißelhalter ist als Doppelhebel ausgebildet, der um den mit I, II und III rechts bezeichneten Zapfen schwingt. Der Übergang von Lage I zu Lage II und III entspricht dem Hauen von der Angel zur Spitze. Dabei bewegt sich der Schlitten mit der

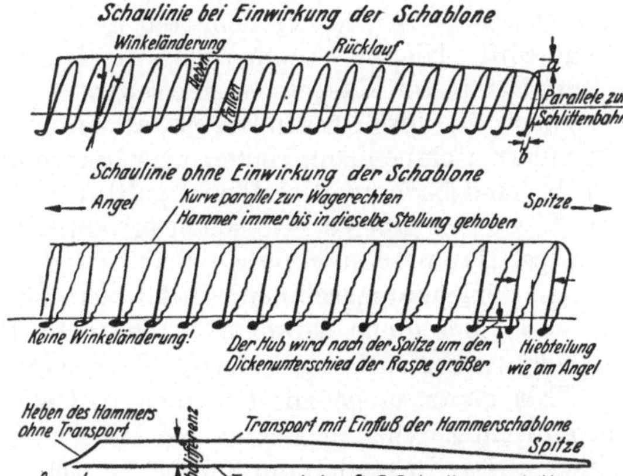

Abb. 55. Schematische Darstellung des Meißelweges beim Hauen von Kabinettraspeln (*Peiseler*).

Feile in Richtung des Pfeiles. Dadurch ändert sich die Hubhöhe des Meißels, bzw. die Meißelschneide senkt sich entsprechend der abnehmenden Dicke der Feile und die Hiebteilung verringert sich, da der Meißel gewissermaßen der Feile nachläuft. Außerdem paßt sich die Meißelrichtung dem zugehörigen Feilenwinkel an. Durch diese Regulierung der Meißellage kann der die Feile tragende Schlitten einfach ausgeführt und sorgfältig gelagert werden.

Abb. 55 veranschaulicht den Meißelweg beim Hauen von Kabinettraspeln, wobei der Hieb absichtlich weit gesperrt wurde, um die Schaulinie auseinander zu ziehen. Die Nullinie des Schemas ist eine Parallele zur Schlittenbahn. Die Schaulinie wurde mit der vorher beschriebenen Hammerregelung aufgenommen; sie zeigt die Änderung der Arbeitsbewegung des Meißels von der Angel nach der Spitze zu. Die Verbindungslinie der betreffenden Punkte gibt also die gehaune Raspeloberfläche wieder, während die oberen Umkehrpunkte vom Heben zum Fallen den Punkt bestimmen, aus dem der Meißel niedergefallen ist. Der Abstand zweier Auftreffpunkte gibt den Zahnabstand in der Längsrichtung wieder. Die Tangente an dem unteren Ende der Fallkurve veranschaulicht den Hiebwinkel. Ein Vergleich dieser drei Größen an der Angel mit denen an der Spitze zeigt:

1. Der Hub von der Angel zur Spitze zur Erreichung geringerer Hiebtiefe ist um den Betrag a kleiner geworden.

2. Die Hiebteilung von der Angel hat der geringeren Hiebtiefe entsprechend um die Größe b zugenommen.

3. Die Hiebrichtung um den eingezeichneten Winkel ist in dem Maße schräger geworden, wie die Feilenoberfläche ihre Krümmung geändert hat.

Demgegenüber zeigt die nächste Schaulinie, welche Verhältnisse vorliegen, wenn der Drehpunkt des Hammers nicht reguliert wird. Die Wendepunkte, aus denen der Hammer herabfällt, liegen hier auf einer geraden, zur Schlittenbahn parallelen Linie. Der Hub nimmt infolgedessen um den Dickenunterschied der Feile zu, statt sich zu verringern. Die Hiebeinteilung bleibt gleichmäßig, und der Hiebwinkel wird relativ zur Feilenoberfläche größer, so daß der an der Angel richtigstehende Zahn an der Spitze fast nach hinten steht.

Die unterste Schaulinie zeigt, welchen Weg der Meißel gegenüber der Feile beschreibt, einmal wenn der Hammer ohne Hammerregelung eingestellt wird, und einmal wenn der Meißel, ohne zu hauen, in höchster Lage auf der Daumenscheibe gehalten wird, während der Schlitten unter gleichzeitiger Regelung des Hammers bewegt wird. Hieraus erkennt man die Hubabnahme von der Angel zur Spitze.

Zum Hauen von Raspeln ist eine selbsttätige Querbewegung des Feilenschlittens vorhanden, die durch besondere Schaltwerke erzielt wird.

Sondermaschinen zum Hauen einer bestimmten Feilenart, sowie von besonderen Raspeln, sind bedeutend einfacher gebaut. Auch zum Kantenkippen an dreikantigen Sägefeilen gibt es, wie schon erwähnt, Sondermaschinen.

Raspel-Haumaschinen haben (nach Dick) noch viel schwierigere Probleme geboten als Feilenhaumaschinen, so daß man verhältnismäßig erst sehr spät an den Bau dieser Maschinen herantrat. Die ersten Raspeln für Holzarbeiter und Hufschmiede wurden auf abgeänderten Feilenhaumaschinen gehauen, an welchen einzelne Teile derart umgeändert wurden, daß es möglich war, flache Raspelseiten zunächst in Längsreihen nebeneinander und später auch in Querreihen hintereinander zu hauen. Der Raspelhieb unterscheidet sich von dem Feilenhieb bekanntlich dadurch, daß erstens die Form der Zähne des Raspelhiebes nicht wie bei Feilen auf einen Schlag über die ganze Breite der Raspel gehauen wird, sondern daß eine Querreihe aus einer bestimmten Anzahl Raspelhiebe besteht, welche einzeln mit einem grabstichelähnlichen, spitzzulaufenden Meißel hergestellt werden, welcher aus dem allerbesten Rohmaterial verfertigt sein muß. Da die Zähne über die ganze Raspel von gleicher Tiefe und durchweg in gleichmäßig bestimmter Entfernung von einander stehen, und außerdem die einzelnen Reihen gegeneinander versetzt sein müssen, so läßt sich leicht vorstellen, daß zu dieser Arbeit ganz besonders gut durchkonstruierte Maschinen nötig sind.

Ein zusammenfassendes Urteil von OTTO DICK über die Raspelhaumaschinen möge hier zitiert werden:

„So gute und brauchbare Raspelhaumaschinen heute vielfach gebaut werden, so ist doch dieses Problem immer noch nicht vollständig gelöst, und es wird noch Jahre dauern, bis sämtliche Raspelsorten maschinell gehauen werden können, soweit dies überhaupt möglich ist. Gewisse Raspelformen für Bildhauer, Drechsler und ähnliche Gewerbe, sowie Kreisscheiben mit Raspelhieben versehen, werden wohl — wie bisher — auch noch in Zukunft von Hand gehauen werden müssen."

Meißel (vgl. S. 20). Die Meißel werden meist von Hand an umlaufenden Sandsteinen geschliffen. Abgezogen (Entfernen der Riefen und des Grates) wird auf einem Ölstein oder feinem Sandstein, ebenfalls von Hand. In größeren Betrieben wird vielfach maschinell geschliffen; hierfür werden gebrannte Schleifscheiben verwendet. Der Meißelhalter solcher Schleifmaschinen ist in jedem Winkel einstellbar. Maschinelle Einrichtungen zum Abziehen haben sich nicht bewährt.

Über die Winkel am Meißel, von denen der Zahn der Feilen abhängig ist, wird zusammenhängend im Abschnitt V. B. 2 (S. 41) zu sprechen sein.

3. Ersatz des Hauens durch andere Verzahnungsarten. Über das *Fräsen* von Feilenzähnen wurde schon auf S. 10 gesprochen.

Hobelmaschinen zum Einhobeln des Unterhiebes mit einem Schnitt haben sich nicht bewährt.

Das *Walzen* des Unterhiebes ergibt auch bei gut gehauenem Oberhieb nicht so gute Zähne wie der gehauene Unterhieb.

Schneiden der Feilen: Seit einiger Zeit ist von der Schweiz her das Schneiden bekannter geworden und wird für einige Feilensorten, besonders für kleine, vielfach an Stelle des Hauens angewandt. Das Verfahren ist schon über 100 Jahre alt und wurde in Frankreich für feinste Feilen wahrscheinlich schon vor Beginn des 19. Jahrhunderts angewandt. Das Schneiden ist weder ein Hobeln noch ein Fräsen. Es wird ein vielfach gezahntes Werkzeug, die sog. Schneidfeile, über den vorgearbeiteten Feilenkörper geschoben. Die Schneidfeile räumt dabei

Abb. 56. Feilenschneidmaschine (*Frowein*).

Lücken, die dann das Fundament des Feilenzahnes bilden. Es findet also kein eigentliches Aufbäumen und kein richtiges Schneiden, sondern eine Art Eindrücken statt. Beim Schneiden entsteht deshalb kein Fliem wie beim Hauen.

Der Vorgang ist im einzelnen verschiedenartig. In Amerika hält der Feilenschneider die zu schneidende Feile mit der linken Hand in einem Halter eingespannt und dreht sie nach Bedarf, während er mit der rechten Hand die Schneidfeile führt, die in einem freischwingenden Rahmen ihm gegenüber befestigt ist.

In Deutschland werden Feilen folgendermaßen geschnitten: Die Feile ist in einem Spannkloben befestigt, und dieser wird in eine Art Gesenk gespannt. Die Schneidfeile wird mit beiden Händen in dem richtigen Winkel des Ober- und Unterhiebes über die zu schneidende Feile hin- und herbewegt.

Beide Verfahren erfordern außerordentlich viel Geschick und große Übung. Die Bewegung und der Druck müssen sehr gleichmäßig sein, um einen einwandfreien Schnitt zu erhalten.

Seit einiger Zeit sind auch *Feilenschneidmaschinen* gebaut worden, bei denen das im Querschnitt dreieckige Werkzeug, das an einer Schmalseite gezahnt ist, über den Feilenkörper hin- und hergeführt wird. Es wird durch eine Feder gegen die zu schneidende Feile gedrückt. Bei Halbrundfeilen macht es eine runde Kippbewegung. Auch bauchige Feilen können durch Auf- und Abwärtsbewegen der zu schneidenden Feilen oder der Schneidfeile geschnitten werden. Abb. 56 zeigt eine Feilenschneidmaschine. Sie schneidet halbrunde, runde und ovale Feilen sowie alle konvexen Flächen von $4 \cdots 16''$ Länge und bis zu den feinsten Hiebarten. Ferner wird die Maschine vielfach auch zur Herstellung des Unterhiebes von halbrunden Rücken und runden $^{1}/_{2}$ Schlicht- oder Schlichtfeilen benutzt, die dann später auf einer Feilenhaumaschine mit dem Oberhieb versehen werden.

Schneiden der Feilen ist notwendig bei sehr feinen Hieben, die nicht gehauen werden können. Der Oberhieb wird nur bei kleinen Präzisionsfeilen bis zu $6''$ geschnitten, sonst nur der Unterhieb, dagegen der Oberhieb gehauen. Bei runden $^{1}/_{2}$ S- und S-Feilen wird der Unterhieb immer geschnitten.

Das Schneiden ist etwas teurer als reines Hauen, aber geschnittene Feilen haben ein gutes Aussehen.

F. Härten und Richten, Schlußbearbeitungen, Ölen und Verpacken.

Härten. Für den Härtevorgang sind folgende Einzelstufen notwendig:

1. Einschmieren der Feile mit Härtemasse.   4. Abschrecken.
2. Erhitzen der Feile im Ofen.   5. Anlassen der Angel.
3. Richten der noch warmen Feile.

Die Härtemasse soll die Zahnspitzen im Ofen gegen Entkohlung schützen und ihnen eher noch Kohlenstoff zuführen, denn gerade die Zahnspitzen sollen die größte Härte haben, damit sie lange scharf bleiben.

Manche Fabriken benutzen hierfür Geheimmittel, deren Hauptbestandteile Holzkohlenstaub, Weizen- oder Roggenmehl, Zyankali und Blutlaugensalz sind, mit Zusätzen von Salmiak, Salpeter, Kolophonium, Leim, Glaspulver usw. Früher gebräuchliche stickstoffhaltige, organische Zusätze wie Pferdedung usw. dürften heute nur noch von ganz kleinen Feilenhauern gebraucht werden. Nachstehend als Beispiel ein Rezept für derartige Härtemassen:

20 Gewichtsteile	Zyankali,	4 Gewichtsteile	Salmiak,
20 „	gelbes Blutlaugensalz,	30 „	Holzkohlenstaub,
5 „	Kalisalpeter,		

gemischt und mit Wasser zu einem dicken Brei angerührt.

Vor dem Einführen der Feile in den Ofen muß die aufgetragene Mischung vollkommen trocken sein.

Bei allen diesen Aufschmiermitteln reinigen die Salze die Feile; Blutlaugensalz, Salpeter, Kohlenstaub oder Klauenmehl wirken als Kohlungsmittel, das Mehl wirkt bindend. Alle Bestandteile müssen möglichst rein sein.

Härtung im Bleibad: Vor dem Einbringen in das Bad werden die Feilen mit einer Härtemasse bestrichen, die früher nach eigenen Rezepten der Feilenhersteller zusammengesetzt wurde, heute aber fertig von Sonderfirmen bezogen wird. Diese Masse muß dann erst trocknen.

Das mehr und mehr zur Einführung kommende *Härten im Salzbad* unter Verwendung von gas-, öl- oder elektrisch beheizten Salzbadöfen mit Härtesalzen (z. B. Durferrit-Salzen) macht die Verwendung von Härtemassen entbehrlich, weil das Salz so zusammengesezt ist, wie es der darin zu härtende oder zu glühende Werkstoff erfordert (vgl. Werkstattbuch Heft 8). Ein besonderer Vorzug der Salzbadöfen besteht auch darin, daß die aus dem flüssigen Salz herausgezogenen Teile mit einer schützenden Salzschicht überzogen sind, die sich nach dem Erkalten leicht entfernen läßt.

Erhitzen. Früher wurde meist im offenen gemauerten Koks- oder Preßkohlenofen erhitzt. Die Feilen lagen hierbei auf zwei eisernen Stäben und wurden mit einem über die Angel gesteckten Gasrohr eingelegt, umgewendet und herausgenommen. Ein Nachteil dieser Erhitzungsart ist, daß die Feile unmittelbar mit der Flamme in Berührung kommt, und daß bei Verletzung der Schutzschicht die feinen Feilenzähne entkohlt werden können. Außerdem kann die Temperatur eines derartigen Ofens nicht an allen Stellen gleichmäßig gehalten und nicht kontrolliert werden. In diesen Öfen erhält man deshalb leicht Feilen, die im ganzen oder an einigen Stellen — besonders an der Spitze — weich sind. Besser sind Muffelöfen, die durch Kohlenfeuerung oder noch besser durch die leichter regulierbare Gas- oder Ölfeuerung erhitzt werden. Der Nachteil der Entkohlungsgefahr fällt hierbei zum großen Teil weg, ungleichmäßige Erhitzung bleibt jedoch, wenn auch herabgemindert, bestehen. Ganz entkohlungsfrei können diese Öfen nicht arbeiten, weil beim Öffnen der Tür und auch durch die Risse und Spalten immer atmosphärische Luft eintreten kann.

Die neuere Erwärmungsart, die für andere Zwecke allerdings schon seit längerer Zeit bekannt ist und von den Amerikanern für Feilen ebenfalls schon seit den 70er Jahren des vorigen Jahrhunderts gebraucht wird, ist der Bleibadhärteofen, der durch Gas, Öl oder elektrisch beheizt wird. (Koksfeuerung ist wegen der schlechten Regelbarkeit mangelhaft.) Das Füllblei muß möglichst rein sein und etwa alle 4···6 h mit Salmiak gereinigt werden. Die Temperatur des Bleies beträgt etwa 740···750° und kann bis auf 780° gesteigert werden, wenn auch Feilen aus Flußstahl mit etwas geringem Kohlenstoffgehalt zu härten sind; sie liegt also etwas oberhalb der Glühtemperatur. Selbstverständlich muß die Temperatur des Bades dauernd durch Pyrometer überwacht werden. Der Vorteil gegenüber dem offenen Feuer ist gute gleichmäßige Erhitzung der ganzen Feile. Überhitzung und Entkohlung durch Stichflamme, die beide ungenügende Härte ergeben, können nicht vorkommen. (Der gelegentlich gehörte Vorwurf ungenügender Härte scheint auf Fehler der betreffenden Bleiöfen, des Bleies oder der Handhabung zurückzuführen zu sein.) Die höheren Kosten (durch Bleiabbrand und Tiegelverbrauch) werden wieder eingebracht (vgl. aber III B, S. 19).

Die Erhitzungsdauer richtet sich nach der Größe der Feile. Im Bleibad ist sie am kürzesten.

Öfen mit Salzbädern werden heute wohl schon am meisten von allen Ofenarten verwendet.

Richten und Abschrecken. Nach dem Herausnehmen aus dem Ofen wird die rotwarme Feile auf zwei Bleiunterlagen mit dem Holzhammer, die größere mit dem Bleihammer gerichtet. Dies muß sehr rasch geschehen und erfordert große Übung, da die Feile sonst zu sehr erkaltet. Halbrunde Feilen müssen, um sich beim Abschrecken nicht krumm zu ziehen, vorher der zu erwartenden Krümmung entgegengesetzt gebogen werden — die dünnen weniger als die dicken —, so daß sie sich beim Abschrecken gerade ziehen. Feilen, die auf einer flachen Seite nicht gehauen sind, verziehen sich leichter als ganz gehauene. Ist die Feile beim Richten zu kalt geworden, muß sie noch einmal erhitzt werden. Besonders kleine Feilen, die in Reihen gemeinsam gehärtet werden, verziehen sich leicht, auch Aufhaufeilen, die in gemischten Posten verschiedener Stahlgüte angeliefert werden.

Als Abschreckbad dient gesättigte Kochsalzlösung in einem großen Troge (rohes Ei muß schwimmen).

Größere Feilen (über etwa 10″) werden meist einzeln und mit der Spitze nach unten eingetaucht, die halbrunden etwas schräg, flache Seite nach unten. Der Härter fühlt schon beim Eintauchen ins Abschreckbad, ob die Feile die Richtung behält.

Durch geeignete Bewegung im Wasser nahe der Oberfläche drückt er verzogene Feilen in ihre Richtung zurück. Genügt das nicht, so bringt er die noch dampfende und im Kern heiße Feile in eine Kröpfvorrichtung, in der die Feile an der Spitze durch eine Rolle von oben gehalten wird, während die Angel über eine Auflage nach unten gedrückt wird; gleichzeitig wird eine Wasserbrause von der Spitze zur Angel geleitet. Das kommt für mittlere und große Feilen in Betracht.

Damit die Feilen leicht aus dem Abschrecktrog herausgenommen werden können, hängt man quer an einer Stange einen Drahtkorb oder Holzkasten hinein, der sie auffängt.

Richtige *Einsatzhärtung* kommt nur vereinzelt bei ganz großen Bezugsfeilen vor, und zwar besonders für Schienenbearbeitung. Solche Feilen sind lang und dünn und müssen möglichst federn, d.h. der Kern soll weich und die Oberfläche hart sein.

Schlußbearbeitungen:

Reinigen. Nachdem die Feilen aus dem Abschrecktrog herausgenommen worden sind, werden sie unter reinem Wasser oder Ölemulsion mit einer Wurzelbürste, bzw. bei größeren mit einer Drahtbürste, von anhaftendem Schmutz gereinigt, dann mittels Dampfheizung oder ähnlich getrocknet. Auch ist Reinigen in Dampf-sandstrahl mit nachherigem Spülen in Ölemulsion üblich. Mit Sandstrahl gereinigte Feilen werden oft als im „Sandstrahl nachgeschärft" bezeichnet. Ein Schärfen der Feile tritt hierbei jedoch nicht ein, der Grat (Fliem) wird nur etwas zackiger. Der Druck des Reinigungsdampfstrahles beträgt 6···8 at, die Blasdauer 3···5 min, der Blaswinkel gegen den Rücken der Zähne 10···30°. Der Dampf-sandstrahl soll in Richtung des Oberhiebes wirken, damit die Zähne geschont werden.

Anlassen der Angel. Damit die Angel beim Gebrauch nicht abbricht, muß sie angelassen werden. Das geschieht im Bleibad bei etwa 450°; abgekühlt wird sie dann in Öl. Statt Blei wird auch eine Blei-Zinnmischung (100 Teile Blei, 13 Teile Zinn) verwendet. Früher wurde viel im offenen Feuer angelassen; das mußte jedoch sehr vorsichtig geschehen, damit der Feilenhieb nicht beschädigt wurde.

Es kommt auch vor, daß die ganze Feile durch längeres Belassen in 80···90° heißem Wasser entspannt wird, jedoch ist das nicht allgemein eingeführt und kommt auch nur für einige ganz dünne Feilen in Betracht.

Oberflächenbehandlung. Das seit einiger Zeit stark propagierte und bewährte *Verchromen*, das einen sehr harten und widerstandsfähigen Überzug ergibt, wurde wiederholt auch für Feilen versucht. Besondere Vorteile konnten dabei jedoch nicht festgestellt werden; der Zahnkörper wird zwar verfestigt, aber der feine Grat an den Spitzen der Feilenzähne wird zerstört, so daß die Feile nicht mehr so gut angreift wie eine nicht verchromte. Außerdem hält der Überzug an den stark beanspruchten Stellen nicht fest genug. Dagegen hält der Chrom-Überzug die Feile sauber und schützt sie vorm Verstopfen. Ob ein verbessertes Verchromungsverfahren ausreichende Vorteile für die Feilen bieten kann, bleibt abzuwarten (s. auch S. 39).

Ölen und Verpacken. Die Feilen werden leicht eingeölt und dann nach Größe in Kästchen mit dazwischen liegendem Papier gepackt oder ganz in Papier eingewickelt. Verschiedene Firmen unterscheiden den Hieb bei der Verpackung durch verschiedenartiges Papier, z. B. grau = Hieb B, blau = Hieb S.

An Fehlhärtungen kommen folgende Arten vor[1]:

1. Alle Zähne zu weich. Gründe: Zu niedrige Härtetemperatur oder Oxydschicht nach dem Glühen nicht abgeschliffen oder unreines Blei oder unreine Anschmier-

---

[1] Nach Dr. OFFERMANN (Dissertationsschrift).

masse oder starke Randentkohlung beim Erhitzen zum Härten wegen abgefallener Anschmiermasse.

2. *Weiche Stellen.* Gründe: Ungleichmäßig gemischte Anschmiermasse oder ungleichmäßige oder zu starke Erhitzung und dadurch Randentkohlung beim Walzen, Schmieden und Glühen. Schlechtes und ungleichmäßiges Abschleifen.

3. *Blei in den Zähnen.* Gründe: Unreines Blei; Kohlenstaub in der Anschmiermasse zu grob oder unrein oder Unreinheiten in der Anschmiermasse.

4. *Haarrisse.* Gründe: Unganze Schmiedung, Lunker im Stahl, Schleifrisse, die sich beim Härten erweitern, zu hohe Erhitzung beim Härten.

5. *Verziehen.* Gründe: Ungleichmäßiges Erkalten beim Abschrecken, z. B. bei einseitig gehauenen Feilen. Spannung im Feilenwerkstoff, entstanden durch zu starkes Richten nach dem Glühen oder durch das Hauen.

Im übrigen sind die letzten Einzelheiten des Härtevorganges bei jedem Stahl andere, und kaum bei einem Werkzeug stellt das Härten eine so persönliche Kunst dar wie gerade bei der Feile.

IV. Aufarbeiten gebrauchter Feilen.

1. Sandstrahlen, Ätzen. Verstopfte und dadurch stumpf gewordene Feilen können bis zu einem gewissen Grade durch das *Sandstrahlen* wieder gereinigt und damit wieder gebrauchsfertig gemacht werden. Dieses Verfahren wurde schon im Jahre 1884 im „Handbuch der Feilenkunde" von WILDNER erwähnt. Die Form der Zähne wird hierbei zackiger. Nicht allzu sehr abgestumpfte Feilen sollen nach diesem Verfahren 3···4 mal nacheinander scharf geblasen werden, bevor sie frisch aufgehauen werden müssen. Das ganze Verfahren ist wohl weniger bei stumpfen als bei verschmierten Feilen anwendbar, bei denen der Sand vor allem den Schmutz aus den Zahnlücken entfernt. Bei zu langem Blasen wird aus dem Schärfen ein Abstumpfen.

1

Neuer Zahn.

Neben dem Sandstrahlen wurde besonders im Kriege wegen Mangel an Arbeitskräften Propaganda für das *Ätzen* der Feilen gemacht.

2

Stumpfer verschmutzter Zahn.

Man verwendet dazu in der Hauptsache 10%ige Salpetersäure mit Zusätzen verschiedener Art; die Einwirkung dauert einige Stunden. Die Wirkungsweise ist ähnlich der beim Sandstrahlen. Die Säure entfernt den Schmutz; die Zahnform kann durch derartige chemische Einflüsse nicht in bestimmter Richtung geändert werden. Allerdings wird der Kopf des Zahnes durch die Säure etwas aufgerauht und zackig, und diese Stellen des Zahnes greifen natürlich zuerst etwas schärfer an, so daß man den Eindruck einer aufgefrischten Feile erhält. Schon nach kurzer Zeit aber verschwinden diese scharfen Stellen, und die Leistung der Feile sinkt rasch und stark ab. Die Feile besteht aus gehärtetem Stahl mit martensitischem Gefüge, und dieser aus Ferrit, dem reinen Eisenkristall und der Verbindung Zementit (Eisenkarbid).

3

Stumpfer gereinigter Zahn.

4

Geätzter Zahn.

Abb. 57. Wirkung der Säure und des Reinigens auf den Feilenzahn.

Das weiche Ferrit wird von der Säure schneller angegriffen als der harte Zementit. Es wird von der Säure herausgefressen, und der harte Zementit bleibt stehen, wodurch eben die Aufrauhung des Zahnes entsteht, die ihn „scharf" macht. Je nach der Art des Gefüges wird der Zahn also mehr oder weniger zackig. In Abb. 57 (4) ist die Wirkung der Säure auf den Feilenzahn schematisch dargestellt.

Zwecks Werkstoffeinsparung wurde die „Chemische Werkzeugschärfung", die heute großenteils verschwunden ist, für alle Arten, von den schwersten Feilen bis zu den feinsten Präzisions-Schlichtfeilen, Raspeln, Umlauffeilen, Sägeblättern usw. empfohlen, aber nicht als Ersatz für das mechanische Aufhauen, sondern als zwischengeschalteter Arbeitsvorgang, derart, daß, wenn die Feile 2···3mal mechanisch aufgehauen wurde, und damit zu dünn geworden ist, sie noch 2···4mal aufgeätzt werden könne.

Will man sich mit einem einfachen *Reinigen* der Feilen begnügen, so kann man sie auskochen und hinterher in verdünnte Schwefel- oder Salpetersäure eintauchen (s. Abb. 57: 1, 2 u. 3). Danach werden sie in reinem bzw. Kalkwasser zur Neutralisation gründlich ausgewaschen. Auch Benzol oder Benzin wird für die Reinigung empfohlen, ebenso elektrolytisches Beizen oder Reinigen, das jedoch umständlich ist und kaum bessere Ergebnisse zeitigt. Alles in allem kann man sagen, daß ein sorgfältiges Reinigen verstopfter Feilen auch nicht viel billiger wird als ein Aufhauen, daß dieses aber bestimmt vorteilhafter ist.

2. Aufhauen (vgl. S. 19, 24, 49). Die beste Art des Aufarbeitens von Feilen ist das Aufhauen, das bei sorgfältiger Ausführung neuwertige Feilen liefern kann. Das gilt aber nur für gute Aufhauereien; viele dieser Betriebe sind sehr klein und primitiv eingerichtet; Pyrometer sind noch unbekannt usw. Es kommen für das Aufhauen Feilen von 4″ oder 6″ an aufwärts in Betracht; kleinere Feilen aufzuhauen lohnt nicht, da sie meist nur in geringen Mengen vorhanden sind und nicht schnell abstumpfen, weil sie nur selten gebraucht werden. Eine Gegenüberstellung der Aufhaupreise zu den Neupreisen zeigt Abb. 58.

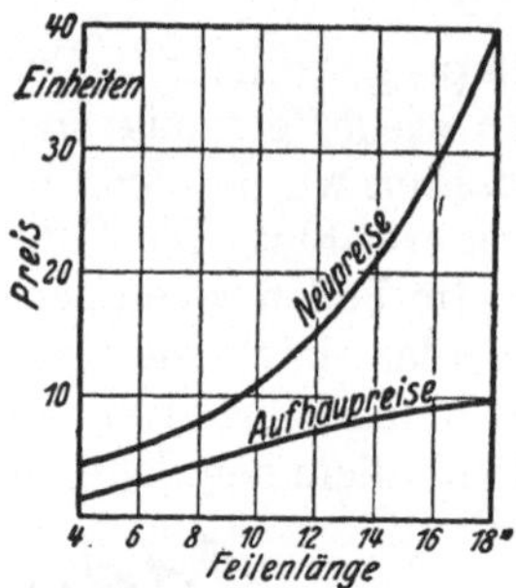

Abb. 58. Vergleich der Aufhaupreise mit den Neupreisen.

In Amerika werden nur verhältnismäßig wenige Feilen aufgehauen, meist nur die größeren Sorten. Das liegt vor allem daran, daß dort nur wenige, große Feilenfabriken bestehen, während es in Deutschland sehr viele kleine Betriebe gibt, die alle Wünsche der Kundschaft erfüllen und in vielen Fällen nur vom Aufhaugeschäft leben.

Der Arbeitsvorgang beim Aufhauen ist ganz ähnlich wie bei der Herstellung neuer Feieln, nur kommt hier die Entfernung der alten stumpfen Zähne hinzu. Dies erfolgt durch Abkratzen mit ein- oder zweispannigen Abfeilraspeln von Hand in hellrotwarmem Zustande (was schon im Mittelalter üblich war), oder auf besonderen einfachen Fräs- oder Hobelmaschinen. Hier muß die Glühbehandlung die der neuen Feile vorher verliehene Härte entfernen. Vor dem Glühen wird die äußerste Spitze der Feile abgehauen, falls sie nach dem Schleifen und Neuhauen zu dünn werden würde, wodurch die aufgehauenen Feilen kürzer ausfallen können als sie waren.

Zu beachten ist, daß beim Aufhauen der Feilen nicht der gleiche Hieb aufgebracht werden muß wie vorher, so daß man in der Lage ist, seinen Feilenbestand durch das Aufhauen der jeweils vorliegenden Arbeit in gewissem Umfange anzupassen.

Durch das Aufhauen wird die Feile um etwa die doppelte Zahnstärke dünner, das sind 0,6···3 mm = (bei gröberem Hieb) 8···15% der ursprünglichen Dicke. Der dadurch bedingte Gewichtsverlust beträgt bei größeren Armfeilen etwa 200···300 g je Stück (= etwa 7···8% des ursprünglichen Gewichts); bei mittelgroßen Armfeilen 150···200 g (= 9···12%); bei Werkstoffeilen etwa 20···120 g (= 9···18%). Der Gewichtsverlust ist besonders von der Geschicklichkeit des Schleifers abhängig, wobei zu beachten ist, daß zur Wahrung der guten Feilenform nicht nur die doppelte Zahnstärke, sondern je nach Form auch einiges vom Körper abgeschliffen werden muß. Weiterhin ist darauf zu achten, daß bis über die Angel abgeschliffen wird, so daß keine unschöne Wulst am Angelansatz entsteht.

Das Aufhauen gebrauchter Feilen ist schon seit Jahren umstritten. und man kann nicht sagen, ob es sich noch lange Jahre halten wird. Wenn die Feilen öfter aufgehauen sind, weichen sie in Breite, Stärke und meist auch in der Länge von einander ab, so daß an die Stelle der Maschinenarbeit die Handarbeit treten muß, besonders beim Schleifen, und dann lohnt sich das Aufhauen nicht mehr.

Eine besondere Schwierigkeit tritt beim *Härten* von Aufhaufeilen ein. In der Aufhauerei treffen Feilen aller möglichen Stahlsorten zusammen, deren Warmbehandlung die aufhauende Firma nicht genau kennt. Es muß deshalb beim Härten für derartige Feilen eine mittlere Härtetemperatur gewählt werden, die nicht immer die günstigste Härte ergibt. Deshalb verlangen große Verbraucherfirmen, die nur eine bestimmte Feilenqualität führen, daß ihre Feilen gesondert aufgearbeitet und nicht mit den Feilen anderer Verbräucher vermischt werden, da dies häufig zu Verwechslungen und Herabsetzung ihrer Qualität führen müßte. Aus diesem Grunde sollten große Firmen auch nicht von dem Verfahren vieler Aufhauer Gebrauch machen, den durch das Aussondern nicht mehr aufhauwürdiger Feilen eintretenden Stück- bzw. Gewichtsverlust durch Nachlieferung anderer Feilen aufzufüllen. Diese mitgelieferten Feilen können und werden oft eine zweite Qualität darstellen und verderben so die Güte und Kontrollmöglichkeit des Feilenbestandes.

Bei der Abnahme von Aufhaufeilen ist besonders darauf zu achten, daß die Längenangabe der Rechnung mit den tatsächlich gelieferten Feilenlängen übereinstimmt, daß vor allem der Berechnung für das Aufhauen nicht die angelieferten Längen, sondern die abgelieferten zugrunde gelegt werden. Wird das erwähnte Abkappen der Feilenenden nicht berücksichtigt, so müssen erhebliche Überpreise gezahlt werden.

Einige Großfirmen und Behörden haben sich eigene Aufhauwerkstätten eingerichtet. Dieses Vorgehen hat jedoch keinen allgemeinen Eingang in die Industrie finden können; auch bei Großverbrauchern ist die Wirtschaftlichkeit eines solchen Eigenbetriebes gewöhnlich nicht nachweisbar den Spezialfabriken gegenüber, denen die größere Routine zur Verfügung zu stehen pflegt.

Bezüglich des Stempelns der Aufhaufeilen vgl. Teil III D (S. 24). Außerdem sind die „Gütevorschriften für Aufhaufeilen" (S. 49.) zu beachten.

Für das *Aufarbeiten* stumpfer Feilen gibt die Firma Friedr. Dick G.m.b.H., Eßlingen, folgende lehrreiche Anleitung:

„Das Rohmaterial einer stumpf gewordenen Feile ist zu schade für den Schrott, es kann — *richtig wiederaufgehauen* — zur Grundlage einer neuwertigen Feile dienen. Das Wiederaufhauen von Feilen ist also kein Notbehelf, es erspart jedoch Geld und entlastet den knappen Stahlmarkt.

Entscheidend für das Wiederaufhauen einer alten Feile ist, *wer* diese Arbeit vornimmt, und *wie* sie vorgenommen wird.

Aufhaufeilen müssen nach denselben Grundsätzen behandelt werden wie die Herstellung neuer Feilen. Die wiederaufgehaue Feile soll genau so ein vollwertiges Werkzeug sein wie die Neufeile. Wiederaufhauen heißt: Ausglühen, sauberes Abschleifen des alten Hiebes, einwandfreies Hauen und tadelloses Wiederhärten der Feilen.

Das Aufschärfen von Feilen auf chemischem Weg ist in Wirklichkeit keine Schärfung der Feile, d. h. kein Erzeugen neuer Schneidkanten (des Hiebes), sondern mehr eine Art chemische Reinigung.

Wir garantieren, daß jede von uns aufgehaue Feile, auch fremder Herkunft, gut hart, schnitthaltig und schön gerade wird. Auch gegen Riß und Bruch wird Gewähr übernommen, sofern das Wiederaufhauen der Feilen von Anfang an nur in unseren Werkstätten vorgenommen wurde.

Das Aufhauen einer Feile ist billiger als eine neue Feile, wirklich *billig aber nur dann,* wenn eine einwandfreie Arbeit garantiert ist. Fehlt diese, dann kann auch die billigste Aufhauarbeit hinausgeworfenes Geld sein. Zuerst Qualität und dann Preis, muß auch beim Wiederaufhauen von Feilen die entscheidende Richtlinie sein."

3. Das Nachschärfen gefräster Feilen. Viel schneller und leichter als das Aufarbeiten gehauener Feilen geht das Aufarbeiten gefräster Feilen vor sich. Die Notwendigkeit, eine Schleifmaschine dafür einzurichten (Aufnahmevorrichtung mit
zentrischer Aufnahme), fällt dabei als Nachteil kaum in die Wagschale. Die
Arbeitsweise sei für geradlinige Feilen dargestellt. Die Firma Peiseler gibt an
(Abb. 59 u. 60):

„Die nachzuschärfende Fräserfeile, Angelende links, mit beiden Händen erfaßt, wird an den
Schienen a ohne Druck vorbeigeführt. Dabei wird die Zahnbrust des gefrästen Zahnes als
Führungsrichtung an die Anschlagleiste
(Lineal) b angelehnt. Einstellen der Füh-
rungsschienen a durch eine Kordelmutter,
bis die Schleifscheibe s den Zahnrücken z
der Feile F berührt. Verschiebung der Zahn-
teilung durch Drehen der Kordelmutter nach

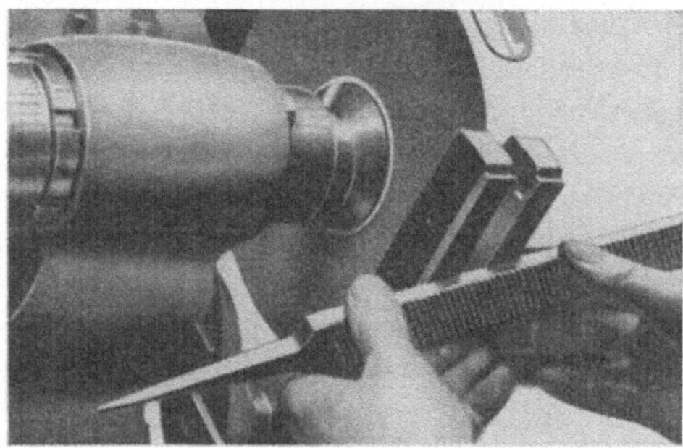

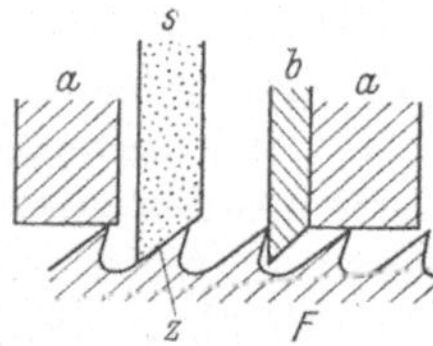

<table>
<tr><td>Abb. 59. Schleifmaschine zum Nachschärfen
gefräster Feilen (Peiseler).</td><td>Abb. 60. Arbeitsweise der Maschine Abb. 59.
F Feile; a Führungsschiene; b Anschlagleiste
(Lineal); s Schleifscheibe; z Zahnrücken.</td></tr>
</table>

rechts oder links, bis die höchste Spitze der Schleifscheibe s den Grund am Zahnrücken aus-
schleift, ohne daß dabei die Zahnbrust berührt wird. Eine andere Zähnezahl bedingt eine Neu-
einstellung (vgl. auch S. 12)."

V. Gestaltung und Eigenschaften.

A. Werkstoff, Härte.

Im Mittelalter bestanden die Feilen aus Schmiedeeisen oder minderwertigem
Stahl und konnten nur im Einsatz gehärtet werden. Härte und Güte der Feilen
fielen sehr verschiedenartig aus. Eine grundsätzliche Verbesserung der Werkzeuge
und auch der Feilen brachte der von dem Engländer HUNTSMAN um 1730 erfundene
Tiegelgußstahl, dem in den darauf folgenden etwa 130 Jahren die anderen, billigeren
Stahlsorten folgten. Dann wurde bis vor kurzem für alle gewöhnlichen Feilen nur
wasserhärtbarer Tiegelgußstahl verwendet, an dessen Stelle heute meist Elektro-
oder guter Martinstahl getreten ist.

Ein guter Feilengußstahl hat einen C-Gehalt von etwa $1 \cdots 1{,}3\%$. Für Sägenfeilen
wird heute von fast allen namhaften Herstellern legiertes Material verwendet mit
etwa $0{,}75\%$ Chrom. Stahl für Feilen liefern heute alle einschlägigen Stahlwerke in ein-
wandfreiem Gütegrad. Extra- und Prima-Feilen können im neuen Zustand gleich hart
sein, aber die letzten sind weniger schneidhaltig, da nach Abnutzung der harten
Einsatzschicht der weiche Kern zum Vorschein kommt; sie werden bei wieder-
holtem Aufhauen nicht mehr gut hart, reißen leichter und verziehen sich.

Die chemische Zusammensetzung der am meisten benutzten Feilengußstähle ist
folgende (vgl. Tabelle 3 u. 4, S. 47/48):

$$
\begin{array}{llll}
\text{C} \ldots\ldots\ldots & 1{,}0 \cdots 1{,}3\ \% & \text{P} \ldots\ldots\ldots & 0{,}02 \cdots 0{,}035\% \\
\text{Si}\ldots\ldots\ldots & 0{,}1 \cdots 0{,}25\% & \text{S} \ldots\ldots\ldots & 0{,}01 \cdots 0{,}035\% \\
\text{Mn}\ldots\ldots\ldots & 0{,}3 \cdots 0{,}4\ \% & &
\end{array}
$$

Von diesen Werten sowie von den Werten der Tabellen 3 und 4 weichen jedoch
manche Feilenhersteller auf Grund ihrer Erfahrungen etwas ab. Auf diese Abweichungen kann hier jedoch im einzelnen nicht eingegangen werden.

Die verschiedenen Zusätze zum Feilenstahl beeinflussen seine Güte folgendermaßen:

Silizium (über den üblichen Gehalt) steigert die Schneidfähigkeit; hoher Si-Gehalt macht aber den Stahl hart und spröde und begünstigt Kaltbruch.

Mangan (über den üblichen Gehalt) erhöht die Härte und kann deshalb an Stelle eines Teils des Kohlenstoffs treten. Feilenstähle haben meist einen höheren Mangangehalt als andere Werkzeugstähle.

Phosphor macht den Stahl kaltbrüchig, beeinträchtigt dagegen die Warmbearbeitung nicht.

Schwefel macht den Stahl kaltbrüchig und bei höheren Gehalten auch rotbrüchig.

Chrom macht den Stahl hart und zäh. Es wird deshalb besonders den Sägenfeilen, zum Teil auch den Schneideisen- und Probierfeilen (Härteprüffeilen) zugesetzt. Derartige Feilen sind jedoch sehr schwer zu hauen. Empfohlen wird, nicht über 0,7 bis höchstens 0,75% zu nehmen, da bei höheren Zusätzen eine gegenteilige Wirkung einzutreten scheint.

Wolfram in schwachen Zusätzen (etwa 1%) erhöht die Schneidhaltigkeit gegenüber unlegierten Stählen. Chrom und Wolfram zusammen wirken ähnlich.

Kupfer darf höchstens bis zu 0,1% vorhanden sein, da sonst zu leicht Härterisse entstehen.

Hochlegierte Stähle sind wegen ihrer schlechten Bearbeitbarkeit zur Feilenherstellung nicht geeignet. Die Zähne bäumen sich beim Hauen nicht genügend auf, und die Meißel der Haumaschinen stumpfen zu schnell ab.

Reiner weicher Feilengußstahl muß ein nicht rauhes, gleichförmiges, milchiges Bruchgefüge haben und sich gut härten lassen. Er darf nicht kaltbrüchig sein und darf bei vorsichtiger Härtung keine Sprünge bekommen.

Die Brinell-Härte der Feilenstähle beträgt:

    bei Bessemer- und Raspel-Stählen (Flußstählen) ... 200···230 kg/mm²
    „ guten Feilengußstählen .... 250···300   „
    „ legierten Stählen (auch Chromstählen) .... 300···400   „

Über die *Härte der Feilen* ist vor allem zu sagen, daß eine gute Feile nie zu hart sein kann. Deshalb wird sie auch nicht angelassen. Brechen die Zähne frühzeitig oder zu leicht ab, so liegt dies daran, daß mit neuen Feilen zu grob über scharfe Kanten, besonders bei Blechen, gefeilt wird (s. auch unter VII: „Das praktische Arbeiten mit der Feile" S. 52ff). Es kann aber auch sein, daß der Unterhieb zu tief geschlagen wurde. In diesem Falle wird das Fundament der Zähne zu schwach und bietet den Beanspruchungen nicht genügend Widerstand. Bei derartigen Feilen brechen leicht größere Stücke der Oberfläche aus, und man hat den Eindruck, als ob die die Zähne tragende Oberfläche nicht fest genug mit dem Feilenkörper verbunden sei.

Bei der Beurteilung der Feilenhärte ist zu bedenken, daß die Feile das einzige Schneidwerkzeug darstellt, das im Bedarfsfall auch vollgehärtete andere Werkzeuge angreifen muß, beispielsweise Sägen und Gewindeschneidwerkzeuge (Schneideisen).

Die Angeln dürfen übrigens nicht gehärtet sein, damit sie nicht abbrechen; sie werden deshalb angelassen.

Über Vor- und Nachteile des Hart-Verchromens s. unter Oberflächenbehandlung S. 34.

Einen ganz besonders guten Werkzeugstahl erfordern begreiflicherweise die Haumeißel für Feilen.

B. Hieb.

1. Einhiebige und kreuzhiebige Feilen. Einige Feilensorten werden einhiebig, die meisten aber kreuzhiebig (= doppelhiebig) gehauen.

Bei den *einhiebigen* Feilen laufen die Einschnitte einer Fläche alle parallel zueinander. Hierher gehören die Feilen, die nicht stark angreifen sollen, so die Feilen für gehärteten Stahl, also vor allem Sägenfeilen. Diese sollen ganz besonders feine Späne abnehmen, da der zu schärfende Sägenzahn sonst zittert. Der Kreuzhieb wäre zwar widerstandsfähiger, würde aber zur Abnahme so feiner Späne abwechselndes Arbeiten nach links und rechts erfordern, was hier nicht ausführbar ist. (Härte-Probierfeilen und Schneideisenfeilen dagegen haben einen leichten Unterhieb.) Um die Späne noch zu verfeinern, liegen die Zähne etwas schräg, was in diesem Falle wegen allseitiger Führung in der Zahnlücke nicht zu einem seitlichen Weglaufen führen kann. Für grobe Zähne (Brettsägen) kann die Sägenfeile Kreuzhieb haben. Auch die Feilen für weiche Metalle (Zinn) oder Holz und Kork werden einhiebig mit leichter Schräge gehauen, und die Rücken runder, halbrunder und ovaler Feilen werden vielfach einhiebig geliefert, dieses aber nur für billigere Erzeugnisse.

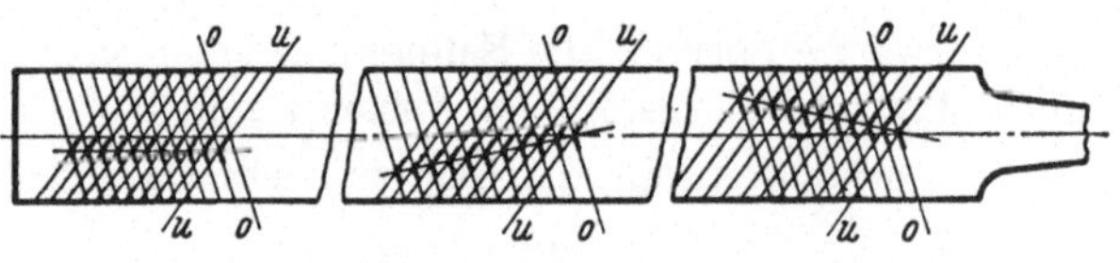

Abb. 61. Hiebteilung an Feilen (nach *O. Dick*).
u Unterhieb oder Grundhieb; *o* Oberhieb.

Beim *Kreuzhieb* wird zuerst der Unter- oder Grundhieb geschlagen und auf diesen der Oberhieb aufgesetzt, Hierdurch werden die Einschnitte des Unterhiebes zum Teil wieder geschlossen. Der Oberhieb liegt dagegen offen.

Kreuzhiebig gehauene Feilen greifen besser an als einhiebige, da die Zähne des Oberhiebes sich durch die vorhergehende Unterbrechung der Fläche besser aufbäumen als wenn die Fläche glatt wäre, also schärfer werden. Außerdem bildet der Unterhieb das Fundament oder die Versteifung des Oberhiebes. Auch dringen die spitzen Zähne besser in den Werkstoff ein als lange schneidenförmige; sie brechen die Späne, die also leichter aus den Lücken fallen, und sie erleichtern den geraden Strich der Feile.

Durch die Vereinigung von Unter- und Oberhieb entstehen einzelne rautenförmige Zähne mit stumpfem Angriffswinkel, dessen Scheitel zur Feilenspitze weist. Die Größe dieses Winkels ist abhängig von den beiden Hiebwinkeln, nämlich gleich ihrer Summe, und schwankt zwischen etwa 110 und 130° (im Mittel etwa 120°). Er ist um so kleiner, je feiner der Hieb ist. Damit keine Riefen im Werkstück entstehen, dürfen die Zähne nicht genau hintereinander liegen. Das hängt von der Hiebteilung ab und wird aus Abb. 61 klar.

Bei gewissen Sonderfeilen, denen besonders gutes und leichtes Anschneiden nachgesagt wird, ist der Unterhieb vielfach doppelt so fein (oder auch 1,6 ··· 1,8 mal so fein) wie der Oberhieb. Dadurch läuft die arbeitende Feile nicht weg, und die Arbeitsfläche läßt sich sauberer schlichten. — Die Ansichten über das günstigste Hiebfeinheitsverhältnis hierfür sind noch geteilt (vgl. hierzu S. 43, nebst Tabelle 2 S. 44).

2. Die Hiebwinkel. Bei der Beurteilung der Hiebwinkel ist zu beachten, daß die folgenden Angaben für das Betrachten der Feile gelten, während die Winkel beim Arbeiten umgekehrt liegen!

Der Unterhieb ergibt, wie schon oben gesagt, die Versteifung des Oberhiebes, seine Schräglage ist also maßgebend für die Breite dieses „Fundaments" und für die Unterteilung des Oberhiebes. Bei einem solchen massenmäßig hergestellten billigen Werkzeug empfiehlt es sich praktisch aber nicht, zu viele Arten auszuführen, zu beschaffen und vorrätig zu halten. Man nimmt deshalb den Unterhiebwinkel gewöhnlich gleich etwa $45 \cdots 54°$, je nach dem herstellenden Werk; ähnlich müßte der Oberhiebwinkel von rechtswegen der Art des zu feilenden Stoffes angepaßt werden. Etwa so:

Oberhiebwinkel für harten Stahl etwa 77°,	Angriffswinkel der Zähne 122°,
Oberhiebwinkel für weichen Stahl etwa 67°,	Angriffswinkel der Zähne 112°,
Oberhiebwinkel für Kupfer und Bronze etwa 55°,	Angriffswinkel der Zähne 100°.

Aber auch in dieser Hinsicht ist eine Trennung der Werkstattfeilen nach dem Verwendungszweck kaum durchzuführen, und außerdem hält jeder Arbeiter die Feile etwas anders, so daß die wirksamen Winkel doch anders ausfallen. Deshalb macht ein führendes Werk den Unterhiebwinkel immer $= 54°$, den Oberhiebwinkel immer $= 71°$ und erreicht damit gute Mittelergebnisse. Jedenfalls liegt der Unterhieb gewöhnlich schräger als der Oberhieb, d.h. der Hiebwinkel des Unterhiebes ist kleiner als der des Oberhiebes (Abb. 61).

3. Die Zahnform. Durch den Meißel wird der Werkstoff der Feile eingekerbt und aufgeworfen. Nach D i c k [1] ist bei Kreuzhiebfeilen das Aufwurfmaß $a =$ Einkerbmaß e oder etwas kleiner (Abb. 62). Bei einhiebigen Weichmetallfeilen ist $a = 1,5\,e$.

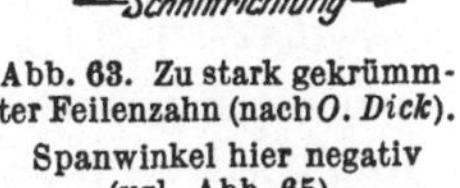

Abb. 62. Hiebtiefe der Feilenzähne (nach *O. Dick*).

e Einkerbmaß; *a* Aufwurfmaß.

Die ganze *Zahnhöhe* $(a + e)$ hängt von der Weichheit bzw. Härte des Feilenwerkstoffs, von seiner Glühung, der Meißelform und der Schlagkraft usw. ab. (Der Meißel wird der Werkstoffhärte entsprechend geschliffen, s. auch Abb. 66.) Der Unterhieb darf nicht zu tief gehen. Der Oberhieb muß stets tiefer gehen als der Unterhieb, denn er ergibt die eigentliche Schneide; der Unterhieb dagegen die Spanbrechernuten der Schneide, nicht aber umgekehrt. Im übrigen gelten für die Hiebtiefe des Unterhiebes ähnliche Überlegungen wie nachher für die Hiebteilung angestellt werden. Auch hier aber hat die Praxis noch keine festen günstigsten Werte ermittelt. Im allgemeinen wird der gröber geteilte Hieb auch tiefer geschlagen.

Die Rückenlinie des Zahnes besteht aus zwei Teilen: einem unteren geradlinigen und einem oberen gekrümmten Teil. Ist die Krümmung zu stark, etwa nach Abb. 63, ist also die äußerste Zahnspitze nach hinten umgelegt oder „überworfen", so ist die Feile unbrauchbar und kann allenfalls noch durch Sandstrahlen geschärft werden, wobei aber der feine Zahnfliem leicht zerstört, die Feile also für Messing unbrauchbar

Abb. 63. Zu stark gekrümmter Feilenzahn (nach *O. Dick*). Spanwinkel hier negativ (vgl. Abb. 65).

werden kann. Der Grund für diese Verzerrung der Zahnform kann in der zu stumpf geschliffenen oder nicht richtig abgezogenen Meißelschneide, oder in nicht rasch genug hochgezogenem Meißel bei schon weiterbewegtem Schlitten liegen. Andererseits kann durch andere Fehler der Fliem zu niedrig ausfallen, was auch nicht zulässig ist.

4. Die Zahnwinkel. Die ideale Zahnform, wie wir sie von den mechanisch bewegten Schneidwerkzeugen der Metallbearbeitung her gewohnt sind, müßte den

---

[1] Siehe Fußnote S. 8.

Abb. 64 u. 65 entsprechen. Hier ist ein positiver *Spanwinkel* (Brustwinkel) vorhanden, der bekanntlich schneidet, nicht schabt, dafür allerdings leichter zumBruch und rascher zur Abnutzung führt. Aber ein solcher läßt sich durch Hauen nicht leicht herstellen, da die Feile bei dem erforderlichen schrägen Hauen wegrutschen würde. Dazu kommt, daß der Zahn um so stärker aufgeworfen wird, der Fliem also um so besser ausgebildet wird, je größer die der Zahnbrust zugekehrte Meißelschräge ist. Der Spanwinkel kann allerdings durch einseitige (= „einwatige") Ausbildung des Haumeißels (Abb. 66 ganz rechts) nach der positiven Seite beeinflußt werden. Das tut man z. B. bei Bronzefeilen. Ein derartiger Meißel hat aber gegenüber den

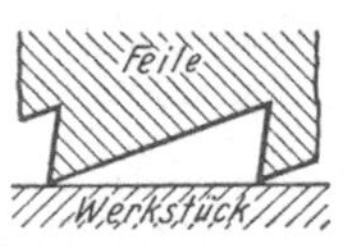

Abb. 64. Idealer Feilenzahn (nach *O. Dick*).

üblichen gleichseitigen Nachteile, z. B. geringere Standfestigkeit. Das Hauen damit ist also unwirtschaftlicher für den Hersteller. Beim Fräsen der Feilenzähne ist ein positiver Spanwinkel leichter zu erzielen. — *Raspeln* können ohne Schwierigkeiten mit positivem Spanwinkel gehauen werden.

Bei gehauenen Feilen muß man also mit einem gewissen negativen Winkel an der Spanfläche rechnen (etwa 8···20°), also eine größere Kraft aufwenden, als die ideale Feile erforderte. Nach der Ansicht vieler Fachleute soll übrigens der Spanwinkel bei gehauenen Feilen keine große Bedeutung für Leistung und Kraftverbrauch haben. Diese Ansicht hat manches für sich. Bei Maschinenwerkzeugen, z. B. Drehstahl, fällt dem Span-

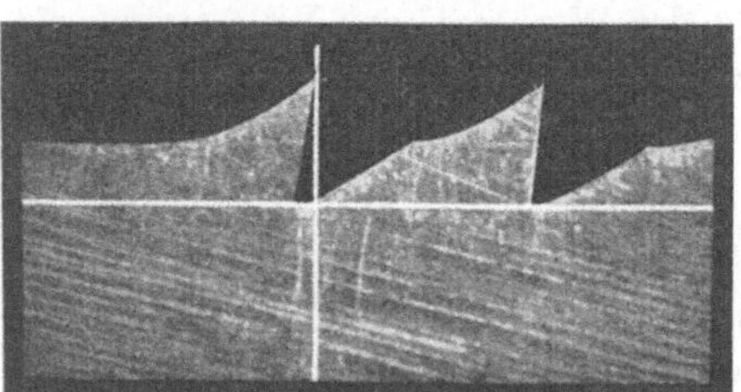

Abb. 65. Mikroskopische Aufnahme eines idealen Feilenzahnes (nach *O. Dick*). Dieses Bild läßt sehr deutlich den positiven Spanwinkel (Brustwinkel) erkennen.

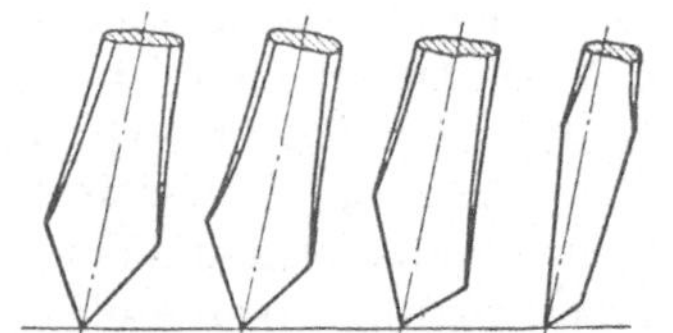

Abb. 66. Verschiedene Formen von Feilenhaumeißeln (nach *O. Dick*).

winkel die Aufgabe zu, das Abfließen des Spanes zu erleichtern. Dies ist um so wichtiger, je dicker der abfließende Span ist. Bei dünnen Spänen kennt die Metallbearbeitung vielfach sogar negative Spanwinkel, z. B. beim Schaben, wo als Hauptforderung die lange Schneidhaltigkeit auftritt. Bei der Feile aber greifen so viele Zähne an, daß die einzelnen Späne immer sehr dünn ausfallen. Außerdem aber arbeitet die Feile gar nicht mit der gehauenen Spanfläche, sondern mit dem aufgeworfenen Teil, der immer etwas zurücksteht, der also auch dann keinen oder einen negativen Spanwinkel (Brustwinkel) hat, wenn der eigentliche Spanwinkel selbst positiv ist.

Die wirtschaftlichste Größe des Zahnlückenwinkels (= Meißelwinkel) wurde noch nicht bestimmt. Von seiner Größe und von der Größe des Spanwinkels hängt, wie Abb. 64 u. 65 erkennen lassen, zugleich die Größe des Freiwinkels (Rückenwinkel) ab, der bei der Feile aus Herstellungsgründen offenbar größer ist als aus Gründen der Spanabnahme notwendig wäre.

Zu beachten ist, daß der Spanwinkel der meisten Feilen mit „Schuß", d. h. bauchiger Form, sich nach den Enden zu ändert, wenn die Feile maschinengehauen ist, falls man keine Sondermaschine verwendet; beim Handhauen dagegen hält man den Meißel nach den Enden zu schräger, und die Zahnlücken erhalten damit die gleiche Schräglage zur Oberfläche.

5. Die Hiebteilung. Genormt sind die in Tabelle 2 bzw. die in den DIN-Blättern nach Tabelle 1, S. 9, angegebenen Hiebzahlen. Feilen für Stahl müßten etwas feiner gehauen sein als solche für Guß, Bronze, Weißmetall usw. Praktisch gilt hierfür aber ähnliches wie für die Hiebwinkel: man kann nicht für jeden Werkstoff besondere Feilen vorrätig halten, ebenso wie man ja auch für Bronze usw. nicht immer breitere Feilen nimmt als für Stahl, obgleich das sehr gut angängig wäre. Gewöhnlich bezieht man deshalb für Stahl gehauene Normalfeilen und benutzt sie soweit erforderlich in neuem Zustande (d. h. solange die Zähne noch ihren Fliem haben) für Messing und Bronze. Nur für ständigen Gebrauch auf Gelbmetall schafft man besondere *Bronzehiebfeilen* an, über die gleich noch gesprochen wird. Zu beachten ist, daß der Zahn sich bei gröberen Teilungen mehr aufwirft, also einen stärkeren Fliem erhält als bei feineren.

Für die verschiedenen Hiebgrößen gibt es Bildtafeln nach Abb. 67, die aber nicht ganz eindeutig sind, da die Gröben gleicher Bezeichnung je nach der Feilengröße wechseln.

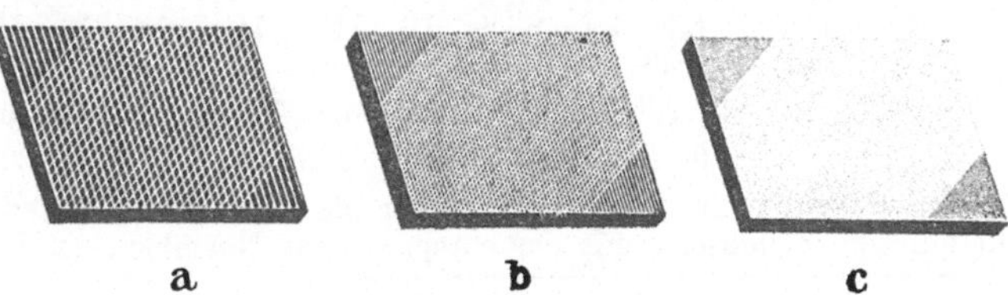

Abb. 67. Beispiele gehauener Zahnungen, nach Nummern gestuft (*O. Dick*).

a Hieb 1; *b* Hieb 2; *c* Hieb 3. (Gefräste Zahnungen s. Abb. 24.)

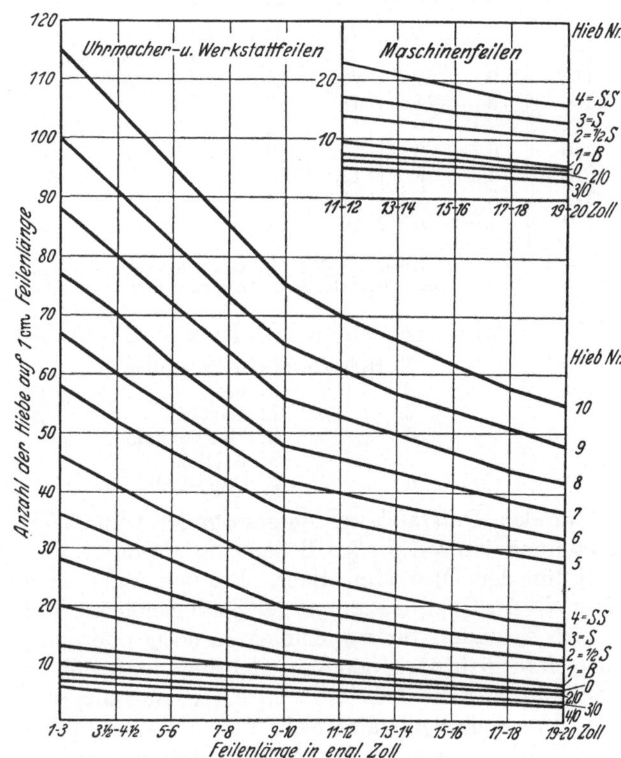

Abb. 68. Anzahl der Hiebe für den Oberhieb bei verschiedener Feilenlänge (nach *O. Dick*).

Zum Beispiel:

Feilenlänge mm	110	160	250
Hieb Nr.	Hiebzahl auf 1 cm (Oberhieb)		
1	10	8	6,3
4	31,5	25	20
6	63	50	40

Abb. 68 enthält Angaben für den Oberhieb, die auch die Feilenlänge berücksichtigen.

Tabelle 2. *Hiebtafel für Einhieb und für Oberhieb der Kreuzhieb-Feilen und für Raspeln.*
(Auszug aus DIN 8349[1])

Für die Zahl der Hiebe der gehauenen Feilen gilt für je 1 cm, in der Länge der Feilenachsen gemessen, die mit Normungszahlen nach DIN 323 aufgestellte Zahlenreihe:

4,5 5 5,6 6,3 7,1 8 9 10 11,2 12,5 14 16 18 20 22,4 25 28 31,5 35,5 40 45 50 56 63 71 80 und 90.

Für die Raspeln gilt je 1 cm² behauener Fläche die Zahlenreihe:

3,2 4 5 5,6 7,1 9 10 11,2 12,5 14 16 18 20 22,4 25 28 31,5 40.

Die nachstehende Zahlentafel ist für die Anwendung dieser Zahlen richtunggebend. Für die einzelne Feilensorte gilt das entsprechende Normblatt (s. Tabelle 1).

Nenn-länge mm	Hiebnummern der Feilen						Hiebnummern der Raspeln				
	0	1	2	3	4	5	0	1	2	3	4
	Anzahl der Hiebe je cm Länge zulässige Abweichungen ±5%						Anzahl der Hiebe je cm² Fläche zulässige Abweichungen ±10%				
80		16	25	35,5	50	71					
100	10	14	22,4	31,5	45	63					
125	9	12,5	20	28	40	56					
160	8	11,2	18	25	35,5	50		14	20	28	40
200	7,1	10	16	22,4	31,5	45		11,2	16	22,4	31,5
250	6,3	9	14	20	28	40		9	12,5	18	25
315	5,6	8	12,5	18	25		5	7,1	10	14	20
375	5	7,1	11,2	16			4	5,6	9	11,2	16
450	4,5	6,3	10	14			3,2				

[1] Wiedergegeben mit Genehmigung des Deutschen Normenausschusses. Maßgebend ist die neueste Ausgabe des Normblattes, die vom Beuth-Vertrieb, Berlin W 15 oder Köln, zu beziehen ist.

Im Auslande rechnen nach O. DICK die Hiebzahltabellen folgendermaßen:

1. Hieb Nr. 00: ganz grob
2. „ „ 0: grob
3. „ „ 1: Bastard
4. „ „ 2: Halbschlicht
5. „ „ 3: Schlicht
6. „ „ 4: Doppelschlicht

Für den *Unterhieb* werden gewöhnlich keine Werte angegeben, aber die Unterhiebteilung ist von großer Bedeutung, da der Unterzahn, wie gesagt, das Fundament für den Oberzahn bildet. Bei den üblichen Feilen ist der Unterhieb stets feiner als der Oberhieb, damit der Zahn genügend Stoff hat, um nicht auszubrechen. Das ist besonders für das Schlichten nötig und erspart das Einkreiden, wobei der feine Unterhieb noch den Vorteil bringt, daß sich die Zahnlücken nicht so leicht verstopfen und die Arbeitsfläche sauber ausfällt, und zwar auch bei grobem Oberhieb. Die Feile beißt also mehr und hat eine größere Lebensdauer. Ein Nachteil eines überfein geteilten Unterhiebes besteht darin, daß der wenig unterbrochene Oberhieb die geradlinige Führung des Werkzeuges in Frage stellt: die Feile läuft seitlich weg. Das kann man dadurch aufheben, daß man den Oberhieb flacher — häufig sogar wesentlich flacher — legt als den Unterhieb. (Die umgekehrte Winkellage wäre allenfalls für SS-Feilen und einfache Putzarbeiten zulässig; bei genauen Arbeiten würden solche Feilen zu stark weglaufen.) Außerdem sind die feiner gehauenen Feilen teurer. Solche Feilen stellt man besonders als Schlichtfeilen für *Bronze* her; sie lassen sich aber auch als Schlichtfeilen für Stahl verwenden. (Als Schruppfeilen für Stahl sind sie nicht vorteilhaft, weil das „Fundament" des Oberhiebes zu schwach ist, die Feilen also entweder weniger leisten oder bald stumpf werden.)

Ist der Unterhieb gröber als der Oberhieb, so ist die Zahnfront länger, die Feile schneidet also kräftiger. Das läßt sich aber nur auf Feilen für weichere Stoffe anwenden, und bei diesen nur für das Schruppen, und hat den Nachteil des seitlichen Weglaufens, was wieder durch entsprechende Winkellage ausgeglichen werden müßte. Diese Hiebart findet auch Anwendung auf Messerfeilen und Brettsägefeilen, also zwei in der Arbeitsrichtung geführte Feilenarten. Bei beiden ist der Unterhieb gröber als der Oberhieb (aus dem gleichen Grunde, weshalb die Dreikantsägefeile überhaupt keinen Unterhieb hat). Die sog. *Drehbankfeilen*, die heute allerdings nur noch geringe Bedeutung haben, da das Schlichten mit der Feile auf der Drehbank meist durch Schleifen ersetzt ist, sind ähnlich ausgeführt wie die Bronzehiebfeilen. Der fast gerade gesetzte Oberhieb verhütet hier besonders das seitliche Weglaufen der Feile, das leicht zu Verletzungen Veranlassung geben kann.

Härteprüffeilen oder *Probierfeilen*, auch Diamantfeilen genannt, erhalten einen fein geschlagenen Unterhieb und einen fast rechtwinklig zur Feilenachse geschlagenen Oberhieb. Ähnlich werden die zum Schärfen von Schneideisen bestimmten *Schneideisenfeilen* ausgeführt (vgl. S. 40).

Wellenförmiger Hieb entsteht, wenn die Teilung des Unterhiebes nicht gleichmäßig ist, sondern periodisch enger und weiter wird, um die abgefeilte Fläche noch feiner zu unterteilen, d.h. zu zerspanen, als mit einer normal gehauenen Feile möglich, und damit Riefenbildung zu vermeiden. Er wird erreicht durch Anbringen einer besonderen Ovalscheibe auf der Haumaschine und ist erstmalig im Jahre 1878 von Amerika eingeführt worden. Solche Feilen geben, wenigstens in der Hand des Anfängers, eine etwas glattere Feilfläche. Der geübte Feiler wird dies jedoch auch ebenso gut, vielleicht sogar noch besser, mit einer normal gehauenen Feile erreichen, da er nicht einfach geradlinig feilt, sondern bekanntlich kleine Seitenbewegungen ausführt. Der angeblich kleinere Seitendruck der Wellenhiebfeile scheint bedeutungslos zu sein. In der Praxis hat sich der Wellenhieb jedenfalls nicht recht einführen können; lediglich beim Feilen von Aluminium und anderen Leichtmetallen läßt sich feststellen, daß die Späne etwas leichter herausfallen. Bei Messing und Stahl ist dies nicht der Fall. Einen geringeren Kraftaufwand scheinen die Wellenhiebfeilen auch nicht zu erfordern. Es können natürlich auch die Oberhiebe in ihrem Abstand periodisch wechselnd voneinander und die Unterhiebe gleich gehauen werden. Eine derartige Feile sieht jedoch nicht gut aus und wird deshalb nicht gern gekauft, zumal der technische Vorteil nicht bedeutend ist.

Außer den im vorstehenden genannten Hieben kennt man in der Feilenfabrikation noch den *Raspelhieb* (vgl. S. 25, 30). Dieser besteht aus einzelnen Vertiefungen mit aufgeworfenem Grat, der zwischen den Zähnen einen größeren, nicht behauenen Teil des Feilenkörpers frei läßt. Je zerstreuter die Zähne, desto besser. Jede Zahnreihe ist gegen die vorhergehende versetzt, meist sind die Zahnverbindungslinien gerade, sie können aber auch wellig sein. Dies war früher, als noch ausschließlich mit der Hand gehauen wurde, sehr schwer gleichmäßig zu machen und wurde einwandfrei nur von ganz geübten Hauern fertiggebracht. (Der Brustwinkel bei Raspelzähnen wurde schon erwähnt. Die Raspeln haben weniger Hiebstufen als die normalen Feilen; die gröbste hat auf $1\,cm^2$ $3 \cdots 4$, die feinste bis 90 Zähne.) Der gröbste Hieb wird besonders für Marmorraspeln verwendet, Holzraspeln erhalten meist Bastardhieb; Möbel- und Bildhauerraspeln erhalten Schlicht- oder Doppelschlichthieb. Da Raspeln fast durchweg für weiche Stoffe gebraucht werden, sind sie auch nicht so hart wie die Feilen und oft auch nicht aus gutem Feilengußstahl, sondern aus Bessemerstahl („Prima Qualität") hergestellt.

Man *zählt* die Zähne parallel zur Feilenachse (an der Kante) und gibt die Zähnezahl bei uns auf 1 cm Feilenlänge oder auch noch in Zollmaß an. Im Auslande zählt man vielfach senkrecht zum Unter- und Oberhieb und bezieht die Zähnezahl auf $1''$ Länge. Bei uns beginnt man mit Nr. 000 und zählt bei Präzisionsfeilen bis Nr. 10.

Die feinsten Hiebe (8···10) der Präzisionsfeilen kann das bloße Auge nicht mehr erkennen (Nr. 8 ist dreimal so fein als SS). Die gröbsten Armfeilen haben 4···5 Hiebe auf 1 cm, die feinsten Uhrmacherfeilen bis 120! (Man kann sogar noch 140 hauen; hierbei werden die feinen Meißelschneiden aber zu rasch stumpf.) Die Anzahl der Feilenzähne auf 1 cm² beträgt bei den gröbsten Armfeilen etwa 20, bei den feinsten Uhrmacherfeilen bis 13000! (vgl. hierzu S. 8). Der feinste von Hand zu hauende Hieb ist der dreifache Schlichthieb (SSS), darüber hinaus setzt der Maschinenhieb ein.

In Schlossereien, Maschinenfabriken und ähnlichen Betrieben kommt man mit 6 Hiebarten (ganz grob, grob, Bastard, halbschlicht, schlicht, doppelschlicht) aus, die feinmechanischen Werkstätten brauchen außerdem noch den dreifachen Schlichthieb (s. Tabelle 2).

6. Welche Flächen werden gehauen? Flachfeilen werden im allgemeinen auf beiden Flachseiten und auf einer Hochkante gehauen; diese nur einhiebig, was genügt, weil mit ihr fast nie allein gearbeitet wird. Sie dient vielmehr nur zur Unterstützung der Flachseiten beim Arbeiten gegen Bünde, Ecken usw. An den Kanten sind die meisten Feilen nicht gehauen. Nur bei solchen Feilen, bei denen diese die Hauptarbeit zu leisten hat, z. B. bei Sägefeilen, wird sie mit einem einfachen Hieb versehen oder „gekippt".

VI. Prüfung und Gütevorschriften.
A. Was wird geprüft?

Prüfung von Werkzeugen heißt heute noch für die weitaus meisten Fälle: praktische Erprobung in der Werkstatt. Es ist dies durchaus verständlich, wenn man berücksichtigt, wie schwierig z. B. eine objektive Feilenprüfung in Form einer Abnahmeprüfung ist. Wenn eine Feile in einem Betrieb praktisch geprüft wird, dann sollte das jedoch nicht so ausgeführt werden, daß man dem Arbeiter die Feile in die Hand gibt und ihn fragt, ob sie nach der Daumennagelprobe scharf ist, sondern es sollte ein festes Schema ausgearbeitet werden, nach dem zu untersuchen ist. Für eine Vergleichsprüfung muß vorgeschrieben werden, daß mit den zu vergleichenden Feilen genau gleiche Werkstoffe bearbeitet werden, daß sich beide Feilenarten in gleich neuem Zustand befinden, und daß sie mit etwa gleicher Kraft bewegt und mit gleicher Sorgfalt rein gehalten werden. Für den Vergleich der Feilen nach dem Gebrauch genügt dann nicht nur die Besichtigung mit dem bloßen Auge; es müßte hierfür mindestens ein einigermaßen gutes Mikroskop benutzt werden, mit dem die Zähne und ihre Abnutzung verglichen werden, am besten ein zweiäugiges, das ein räumliches Bild zeigt. Man hat lange versucht, Feilen auf dem Wege des Kurzversuchs in objektiver und sachlicher Art zu prüfen, wie man das mit so vielen anderen Betriebsmitteln zu tun pflegt, aber es erwies sich als unzureichend, den ganzen Komplex von Eigenschaften, die für eine Feile maßgebend sind, in einem Abnahmelaboratorium experimentell ebenso universell zu prüfen, wie die praktische Werkstatt das tut. Eine unvollständige Prüfung aber muß den ganzen Kurzversuch diskreditieren.

Zur Zeit jedenfalls ist von einer vollen Nachahmung des Handvorganges durch Prüfmaschinen noch keine Rede, besonders weil die Querbewegung des Handfeilers nur unvollkommen mechanisiert werden kann. Die kleinen Abweichungen im Material der Feile und im zu feilenden Material, die nicht zu umgehen sind, ergeben unkontrollierbare Differenzen im Untersuchungsergebnis, die nicht auf Rechnung der Feilenherstellung sondern der Unzulänglichkeit der Technologie zu setzen sind. Außerdem führt Kieselbildung, also Verstopfung der Feile, unweigerlich zu einer

rapiden aber nur scheinbaren Leistungsabnahme, die der Handfeiler durch einfaches
Aufklopfen der Feile auf ihre Kante oder durch Ausbürsten so rasch aus der Welt
schafft, daß sie sich gar nicht auswirkt. Dazu sind die Feilen gewölbt und liegen
deshalb nicht ständig satt am Versuchsstück an. Es muß ferner mit peinlichster
Sorgfalt darauf geachtet werden, daß der Werkstoff der Prüfstäbe gleichmäßig ist.
Härtere oder weichere Stellen können zur Kieselbildung und Abfall der Leistung
führen, obwohl die Feile durchaus noch nicht stumpf ist. Andere störende Wir-
kungen können eintreten, wenn ein Tropfen Öl oder eine Spur Fett auf die Feile
gelangt. Selbst ein Berühren der Feile mit öligen Fingern, was beim Einspannen

Tabelle 3. *Technische Lieferbedingungen für gebräuchliche Feilen und Raspeln, Handwerkzeuge.*
(Auszug aus DIN-Entwurf 7284, Bl. 1[1].)
1. Zusammensetzung der Feilenstähle.

Feilenart	C %	Mn %	Si % höchstens	Cr %	P % höchstens	S % höchstens	P + S % höchstens
Für Weichmetall und Raspeln	0,45	0,6···0,8	0,40	—	0,04	0,04	0,07
Für Holz und Leder ...	0,45	0,6···0,8	0,40	—	0,04	0,04	0,07
Schärffeilen z. B. Sägenfeilen	1,3···1,5	0,2···0,35	0,2···0,35	0,3···0,6	0,035	0,035	0,06
Werkstattfeilen, Leicht- metallfeilen und alle übrigen Feilen	1,2···1,3	0,35 max	0,20	—	0,035	0,035	0,07

Ausführung:
Feilenzähne müssen gleichmäßig voll und scharf ausgehauen sein. Die Feilen und Raspeln
müssen gerade gerichtet, gut und gleichmäßig gehärtet sein und dürfen keine Härterisse aufweisen. Im Bruch müssen sie ein feines und gleichmäßiges Gefüge zeigen. Angeln dürfen nicht
gehärtet sein, damit sie beim Gebrauch nicht abbrechen.

2. Güteprüfung.
a) Die im Schwerpunkt unterstützte Feile oder Raspel muß beim Anschlagen mit einem
Stück Stahl einen klingenden Ton geben.
b) Die Spitzen der Feilenzähne dürfen sich bei einem Versuch, sie auszubrechen, nicht
verbiegen, sondern müssen ausbrechen. Die Feilen dürfen sich nicht mit einer anderen Feile
anfeilen lassen. Sollte dies der Fall sein, so ist die Härte zu gering.
c) Die Feilen müssen, wenn sie langsam und vorsichtig feilend über eine kantenfreie, leicht
gewölbte Fläche eines Prüfstahles geführt werden, überall gleichmäßig angreifen (widerstandgebend) und dürfen nicht gleiten. Die Härte des Prüfstahles beträgt bei Schärffeilen (Sägenfeilen) HRc = 60···62, bei den übrigen Feilen HRc = 59···61, bei Weichmetall- und Holzfeilen
HRc = 57···60 (HRc = Rockwellhärte, bestimmt mit Diamantkegel).

[1] Wiedergegeben mit Genehmigung des Deutschen Normenausschusses. Maßgebend ist die neueste Ausgabe des
Normblattes, die vom Beuth-Vertrieb, Berlin W 15 oder Köln, zu beziehen ist.

sehr leicht eintreten kann, beeinflußt das Ergebnis sehr ungünstig. Wie groß die
Verschiedenheiten der Prüfungsergebnisse sein können, geht aus Angaben der Praxis
hervor, nach denen die zweite Seite einer Feile im Mittel eine dreimal so lange
Lebensdauer aufwies als die erste und gelegentliche Leistungsunterschiede bis zum
20fachen eintreten können. Die verschiedenen bekannt gewordenen Versuchs-
maschinen arbeiten außerdem langsam, da immer nur ein Halbhub ausgenutzt wird,
und man jedesmal nur eine einzige Feile ausprobieren kann. Es handelt sich also
nicht eigentlich um rasche Kurzversuche, wie die Abnahme sie erfordert. Nachteilig
ist ferner, daß sich für den Vergleich nur der abgefeilte Werkstoff in einer bestimmten Zeit ergibt, der aber nicht allein für die Güte der Feile maßgebend ist.

Viel wichtiger ist, daß nach einer bestimmten Zeit, während der stets der gleiche Arbeitsdruck oder die gleiche Energie aufgewandt worden ist, der ganze Zustand der Feile mit dem einer Normalfeile verglichen wird. Endlich wird die Versuchsfeile auf den beschriebenen Maschinen auf ganzer Länge unbrauchbar. Viele Kurzprüfungen kranken daran, daß Psychologisches und Mechanisches eng neben- und durcheinandergehen: beide lassen sich nur in relativ einfachen Fällen voneinander trennen. Häufig ist die praktisch bewährte Routine viel wertvoller als der ausgeklügeltste Apparat. Fürs Erste wird es sich empfehlen, als Prüfvorschriften die Technischen Lieferbedingungen nach DIN 7284 (s. Tabelle 3···5) der Abnahme zugrunde zu legen.

Die Firma Dick faßt das Wesentliche, worauf es bei der Qualitätsprüfung ankommt, folgendermaßen zusammen:

„1. Die Längenangaben (Hieblängen) verstehen sich ohne Angel.

2. Für den Vergleich mit den früheren Zollmaßen gilt die Umrechnung 1 Zoll = 25 Millimeter.

3. Alle Maße und Gewichte unterliegen den üblichen und soweit sie in den DIN-Normen festgelegt sind, den in diesen bestimmten Toleranzen.

4. Die in der Liste angeführten Querschnittmaße sind am Stabmaterial gemessen.

Was muß man vor allem von einer wirklich erstklassigen Feile verlangen?

1. Hochwertiges Rohmaterial und sachgemäße Behandlung desselben;

2. scharf und tief gehauener Hieb, der größte Schärfe mit bester Schnitthaltigkeit vereint;

3. ausgezeichnete Härte.

Es ist schwer, ja häufig undurchführbar, diese Eigenschaften einer Feile gleich beim Empfang zu untersuchen. Es gibt nur ein wirkliches und untrügliches Prüfmittel für die Qualität der Feilen, und das ist der Gebrauch in der Werkstätte; alle anderen Prüfungen, auch mit Prüfmaschinen, sind unzureichend und unter Umständen irreführend. Deshalb ist die Vergebung von Feilenlieferungen Vertrauenssache! Falsch wäre es, wenn Feilen nur nach dem Preis eingekauft würden.

Zuerst Qualität — dann Preis muß der Grundsatz beim Einkauf wirklich billiger Feilen sein!"

Tabelle 4. *Technische Lieferbedingungen für Präzisionsfeilen, Handwerkzeuge.*
(Auszug aus DIN-Entwurf 7284, Bl. 2[1].)
Zusammensetzung der Stähle für Präzisionsfeilen.

Feilenart	C %	Cr %	S % höchstens	P % höchstens	P + S % höchstens
Für Präzisionsfeilen	1,40···1,50	0,50···0,70	0,03	0,025	0,050
Für Prüf-, Schneideisen- und Metallsägenfeilen.......	1,40···1,50	0,80···1,10	0,03	0,03	0,055

Ausführung:

a) Schlanke und zügige Form, nicht nur kurz (kulpig) angeschmiedet. Der Schuß der Feilen (Verjüngung) muß allmählich verlaufen, mindestens 50 und höchstens 75% der Hieblänge betragen. Sauberes Schleifen, genaue Maßeinhaltung, besonders sorgfältig bearbeitete Oberfläche, scharfe Kanten, einwandfreie Winkel. Bei halbrunden und runden Feilen gleichmäßige Rundung, die Wölbung in der Längsrichtung allseitig gleichmäßig verlaufend, keine hohlen Stellen, also nicht buckelig oder wellig. Scharfe Kanten, bis aufs letzte ausgearbeitete dünne Spitzen.

b) Besonders sorgfältiger gleichmäßiger Hieb über die ganze Feilenfläche, keine blanken und seichten Stellen.

c) Alle Feilen genau gerade, nicht krumm, noch weniger verdreht oder spießkantig. Vorgeschriebene Toleranzen müssen bei Präzisionsfeilen genau eingehalten werden.

---

[1] Wiedergegeben mit Genehmigung des Deutschen Normenausschusses. Maßgebend ist die neueste Ausgabe des Normblattes, die vom Beuth-Vertrieb, Berlin W 15 oder Köln, zu beziehen ist.

Tabelle 5. *Technische Lieferbedingungen für aufgehauene Feilen, Handwerkzeuge.*
(DIN-Entwurf 7284 Bl. 3[1])

Beschaffenheit.

Abmessungen:

Aufgehauene Feilen sind im Querschnitt infolge Abschleifens des ursprünglichen Hiebes und unter Umständen auch in der Länge infolge zu dünn gewordener Spitzen dünner und kürzer als die Neufeilen waren. Infolgedessen ist gegebenenfalls die Hiebgröbe und bei halbrunden und runden Feilen die Bahnenzahl den verringerten Querschnitten anzupassen.

Die Hiebzahlen müssen der Hiebtafel DIN 8349 mit den zulässigen Abweichungen entsprechen unter Berücksichtigung des vorgenannten Absatzes.

Ausführung:

Feilen mit Rissen sind auszusondern und unbearbeitet zurückzuliefern. Unerhebliche Längsrisse sind kein Grund zu Beanstandungen. Feilen mit zu geringen Blattdicken dürfen nur mit besonderem Einverständnis des Abnehmers aufgehauen werden. Etwa dabei entstehender Ausschuß geht zu Lasten des Abnehmers. Ausgesonderte Feilen sind zu verschrotten.

Die aufgehauenen Feilen müssen gerade gerichtet, gut und gleichmäßig gehärtet sein. Etwaige Härterisse dürfen die Gebrauchsfähigkeit nicht beeinträchtigen. Angeln dürfen nicht gehärtet sein, bzw. müssen nach dem Härten bis zum Spiegel weich angelassen sein, damit sie beim Gebrauch nicht brechen. Die Feilenzähne müssen gleichmäßig voll und scharf ausgehauen sein.

Kennzeichnung:

Die aufgehauenen Feilen sind gut erkennbar an dem Hiebende — auf dem Spiegel — mit dem Zeichen des Aufhauers zu versehen, gegebenenfalls mit einer Nummer, wenn eine solche von der Fachorganisation erteilt wurde.

Güteprüfung.

Für die Güteprüfung von aufgehauenen Feilen nach nachstehenden Richtlinien ist Voraussetzung, daß die angelieferten Feilen der Werkstoffvorschrift nach DIN 7284 Blatt 1 und 2 entsprechen, sofern sie bereits vorher aufgehauen und Härterisse nicht festgestellt wurden.

Die Entnahme der Proben bleibt den Vereinbarungen zwischen Aufhauer und Abnehmer überlassen.

Die im Schwerpunkt unterstützte Feile muß beim Anschlagen mit einem Stück Stahl einen klingenden Ton geben, sonst ist sie rissig.

Die Spitzen der Zähne dürfen sich bei einem Versuch, sie auszubrechen, nicht verbiegen, sondern müssen eher ausbrechen. Die Feilen dürfen sich im allgemeinen nicht mit einer anderen Feile anfeilen lassen, es sei denn, daß die Aufhaufeilen schon durch vorhergegangenes anderweitiges Aufhauen entkohlt wurden.

Die Feilen müssen, wenn sie langsam und vorsichtig feilend über eine kantenfreie, leicht gewölbte Fläche eines Prüfstahles geführt werden, überall gleichmäßig angreifen (widerstandgebend) und dürfen nicht gleiten. Die umgekehrte Bewegung eines Prüfstahles über die festgehaltene Feile ist ebenfalls zulässig. Hastige, ruckartige Bewegungen sind zu vermeiden, da dadurch vor allem bei feinhiebigeren Feilen die Feilzähne verletzt werden.

Die Feilenzähne dürfen bei Lupenbetrachtung (etwa 6facher Vergrößerung) keine nennenswerte Verformung (Umbiegen oder Abnutzung oder starkes Ausbrechen) aufweisen.

Verpackung.

Aufhaufeilen sind in Papier, gesondert nach Sorten und Längen, bis zu 250 mm Länge zu 10 Stück, über 250 mm Länge zu 5 Stück, einzeln durch Papierschichten getrennt, zu verpacken und entsprechend zu kennzeichnen.

Soweit die Verpackungsbestimmungen im Einzelfalle nicht einzuhalten sind, muß jedoch mindestens der Inhalt der Bündel nach Sorten, Abmessungen und Stückzahl außen gekennzeichnet sein.

Größere Sendungen müssen in Kisten verpackt werden.

B. Wie wird geprüft?

1. Hieb. Zur Bestimmung des Hiebes ist zunächst dessen richtige Lage festzustellen, wozu man die üblichen Winkelmesser verwendet. Die Schneidwinkel der Zähne können mit derartigen Instrumenten jedoch nicht gemessen werden, da die Schneidenflächen nicht immer eben und die Zähne zu klein sind, so daß man die

---

[1] Wiedergegeben mit Genehmigung des Deutschen Normenausschusses. Maßgebend ist die neueste Ausgabe des Normblattes, die vom Beuth-Vertrieb, Berlin W 15 oder Köln, zu beziehen ist.

Meßwerkzeuge nicht anlegen kann. Diese Winkel müssen deshalb geschätzt oder durch Augenschein mit einem Winkelmesser verglichen werden. Hierzu, sowie zur Kontrolle des sonstigen Zustandes des Hiebes, benutzt man am besten ein zweiäugiges (binokulares) Mikroskop körperlicher (stereoskopischer) Wirkung und größerer Tiefenschärfe, so daß man den ganzen Feilenzahn voll überprüfen kann. Eine Vergrößerung von etwa 40fach genügt hierbei vollkommen. Bei zweiäugigen Mikroskopen ist das Gesichtsfeld meist größer als bei einäugigen, was die Beurteilung ebenfalls wesentlich erleichtert.

2. Die Schnittigkeit der Feile wird meist unter dem Mikroskop beurteilt werden. Der Praktiker prüft sie gern mit einem Fingernagel, den er leicht über die Feile streichen läßt. Ist der Zahn bzw. der leichte Fliem des Zahnes nicht scharf genug, so gleitet der Fingernagel, anderenfalls merkt man deutlich den Angriff. Da eine derartige Prüfung lange Übung verlangt und natürlich sehr stark über die Fingernägel hergeht, deshalb nur gelegentlich vorgenommen werden kann, so empfiehlt es sich bei der Prüfung größerer Stückzahlen hierfür einen Knochen zu benutzen. Da alle diese Verfahren jedoch sehr subjektiv sind, so hat man versucht, sie zu mechanisieren. Zu diesem Zweck kann man zwei Wege einschlagen: bei einem Apparat liegt die Feile waagerecht, und ein Prüfstück von genau festgelegtem Stoff, Form und Oberflächenbeschaffenheit wird leicht daraufgesetzt. Dann wird die Kraft gemessen, die notwendig ist, um das Stück aus seiner Ruhelage zu bewegen. Bei dem zweiten Apparat wird die Feile schräg angeordnet und langsam steiler gestellt, wobei festgestellt wird, bei welchem Winkel das aufgelegte Prüfstück zum Rutschen kommt. Beide Versuche haben jedoch zu keinem praktisch brauchbaren Ergebnis geführt, da ein ganz geringes, nicht sicht- und meßbares Vorstehen eines einzelnen Feilenzahnes (wie dies bei gewöhnlichen Feilen immer vorkommt) eine einhakende Wirkung auf das Prüfstück ausübt und damit den Beginn des Rutschens verzögert, also die Feile als besser erscheinen läßt, während dieser eine Zahn die praktische Brauchbarkeit der Feile durchaus nicht steigern kann. Außerdem ändert jede Abweichung der Feilenfläche von einer genauen Ebene (z. B. die Bauchigkeit) das Ergebnis, und endlich wird bei derartigen Prüfungen nur der Fliem des Feilenzahnes untersucht, während die Feile nach Abnutzung des Fliems beim praktischen Gebrauch einen ganz anderen Charakter erhalten kann. Deshalb wurden beide Prüfverfahren, soviel man weiß, wieder verlassen. (Vgl. hierzu die Prüfung mit dem Probierstahl unter Punkt 5.)

3. Entfernbarkeit der Späne. Es wird hierbei mit der Feile auf den verschiedensten Werkstoffen gefeilt und festgestellt, ob die Späne durch leichtes Aufschlagen, durch Bürsten mit Borsten- oder Drahtbürsten oder durch Messingblech entfernt werden können. Auch hierbei sind wieder gute Vergleichsfeilen notwendig, die erfahrungsgemäß als praktische Norm betrachtet werden können.

4. Die Form der Feile. Hierfür sind keinerlei Meßinstrumente notwendig. Gegebenenfalls kann man dazu einige besonders gut ausgeführte Feilen als Vergleichsmuster bereit halten.

5. Härte. Mehr Schwierigkeit bietet die Prüfung der Härte. Es wurde die Probe des Ausbrechens der Zähne erwähnt. Man kann dazu die Bruchecke einer guten abgebrochenen Feile verwenden. Die Zähne dürfen sich auf keinen Fall umlegen.

Einen besseren Aufschluß über Härte und gleichzeitig Schnittigkeit liefert die gleichfalls in Tabelle 5 erwähnte Prüfung mit Probierstahl. Diesen fertigt man sich am besten selbst aus alten, ganz gehärteten Bügelsägeblättern an, die man in richtiger Härte sorgfältig aussucht. Die Prüfung erfolgt so, daß die Feile, auf einen Tisch aufgelegt, an der Angel mit der linken Hand gehalten, und dann der Probierstahl mit der rechten Hand quer zum Oberhieb über die Feile gestrichen wird. Der Probierstahl wird ziemlich flach gehalten und nicht zu fest gegen die Feile gedrückt. Der Stahl muß hierbei anbeißen, d.h. kleben bleiben. Rutscht er ab, dann ist die Feile zu weich, denn das Rutschen entsteht dadurch, daß die Zähne sich umgelegt haben, ohne den Probierstahl anzubeißen. Ein besonderes Augenmerk ist hierbei auf die Spitzen der Feile zu legen, da diese erfahrungsgemäß oft weich sind, während der Hauptteil der Feile genügend hart ist.

Ist kein Feilenprobierstahl zur Hand, so kann man zur Not auch ein gut hartes Messer für die Prüfung benutzen. Hierbei muß man jedoch bedenken, daß Messer besonders stark „kleben", da sie im allgemeinen etwas weicher sind als die Probierstähle.

Gute Dienste leistet bei der Härteprüfung ein Mikroskop zur Feststellung, ob die Zähne umgelegt wurden oder ausbröckelten (s. S. 50 unter 1.). Es genügt ein einäugiges, besser ist jedoch auch hier ein zweiäugiges.

6. Risse und Schwefelgehalt. Auf *Risse* könnte mikroskopisch, auf *Schwefelgehalt* chemisch geprüft werden; für die Kurzprüfung, um die es sich praktisch bei der Abnahme immer handelt, genügt aber das einfache Verfahren des Anschlagens. Dieses wird in der Weise ausgeführt, daß die Feile nach unten hängend zwischen zwei Fingern an der Angel gehalten und dann mit einem Stahlstab angeschlagen wird. Eine gute Feile gibt hierbei einen hellen, glockenartigen Klang. Hat die Feile Risse, so gibt sie überhaupt keinen Klang, bei zu starkem Schwefelgehalt klingt sie dumpf.

7. Prüfung der Schneidhaltigkeit und der Spanleistung. Hierfür sind, wie schon erwähnt, eine ganze Reihe von Prüfverfahren entwickelt worden. Besonders bekannt ist die Feilenprüfmaschine von HERBERT, die den Handvorgang des Feilens angenähert nachahmt, jedoch ohne Querverschiebung der Feile von Hub zu Hub. Sie wurde vor etwa 40 Jahren mehrfach eingeführt, es erwies sich aber, daß die Werte der Maschine mit denen des praktischen Gebrauchs nicht übereinstimmten, weil die Grundbedingungen der zu prüfenden und miteinander zu vergleichenden Feilen nicht absolut gleich zu erhalten waren. Feilen, die für erstklassig gehalten wurden, lieferten auf der Herbertschen Maschine ungünstige Ergebnisse, und Feilen, deren allgemeine Beschaffenheit gleichartig war, wiesen auf der Maschine große Abweichungen in der Schneidfähigkeit auf. Die Maschine ergab vielfach ungünstigere Gebrauchswerte als die Hand. Das lag auch daran, daß die Arbeitsfläche des Prüfwerkstücks wegen der fehlenden Querverschiebung glatt

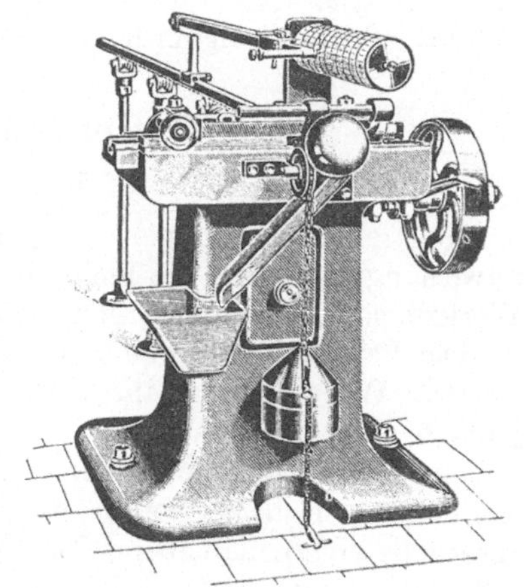

Abb. 69. Verbesserte Herbertsche Feilenprüfmaschine (nach *O. Dick*).

werden konnte, so daß die Feile nicht mehr angriff, obgleich sie noch nicht stumpf war. Deshalb wurde die Maschine von Herbert durch Professor RIPPER von der Universität Sheffield so abgeändert, daß die Feile bei jedem Hub eine etwas andere Lage zum Prüfstab erhielt.

Die so *verbesserte Herbert*sche Prüfmaschine (Abb. 69) soll aus technologischem und historischem Interesse kurz beschrieben werden. Sie arbeitet folgendermaßen: Die Feile wird mit zwei Haltern auf einem bewegten Tisch festgespannt. Das Prüf-

werkstück, dessen Querschnitt sich nach der Schneidfähigkeit der zu prüfenden
Feile richtet, wird gegen die Feile durch ein Gewicht gepreßt. Der Druck beträgt
etwa 2,5 kg/cm². Beim Rückwärtshub wird die Feile mittels eines Kupplungshebels
vom Werkstück abgehoben.

Die Registriervorrichtung der Maschine besteht aus einer großen Trommel mit
Millimeterpapier. Diese Trommel dreht sich sehr langsam und gestattet das Ver-
zeichnen von Linien parallel zur Grundlinie, die der Anzahl der von der Feile aus-
geführten Hubbewegungen entsprechen. Eine Bewegung des Schreibstiftes rechtwinklig dazu gibt den Betrag des abgefeilten Werkstoffes an. Die beiden Bewegungen
erzeugen eine Kurve, aus der die Stärke des abgescherten Werkstoffes und die
Anzahl der hierzu benötigten Feilenhübe zu ersehen sind. Die Krümmung der Kurve
läßt die Größe der Schneidwirkung, die Schärfe der Feilenzähne und die Abnahme
der Feilenschärfe erkennen. Ist die Feile stumpf, so verläuft die Linie parallel zur
Grundlinie der Trommel. Soweit sind die Maschinen von Herbert und Ripper einander gleich. Die Verbesserung von Ripper besteht nun darin, daß die Feile von
Hub zu Hub verschoben wird, zu welchem Zweck die beiden Enden der Feile nicht
festgespannt werden sondern in Kugelgelenken ruhen, mit deren Hilfe eine geringe
Richtungsänderung eines Feilenendes zum anderen erzielt wird. Die Feile wird bei
jedem Rückwärtshub bewegt, so daß sie beim folgenden Arbeitshub eine andere
Stelle angreift.

Die Ergebnisse der Versuche mit der Ripperschen Maschine sind besser als die
mit der Herbert-Maschine. Es fanden Versuche mit je 40000 Hüben statt. Eine
Ausdehnung der Versuche bis zum völligen Stumpfwerden ist nicht ratsam; es
empfiehlt sich vielmehr, die Versuche so lange fortzusetzen, bis die Schneidkraft
der Feile auf ein Viertel der normalen Leistungsfähigkeit gesunken ist. Daß sie
einen zuverlässigen Rückschluß auf die totale praktische Bewährung der Feile nicht
zuläßt, geht aus obigem hervor.

VII. Das praktische Arbeiten mit der Feile.
A. Handhabung und Zubehör.

Abgesehen von einigen wenigen Arten, wie z. B. der Sägenfeile (s. Gebrauchs-
anweisung S. 61), ist die Feile ein Werkzeug, das im Gegensatz zu vielen anderen
Werkzeugen seine Form nicht unmittelbar auf das Werkstück überträgt.

Die Feile arbeitet Flächen jeglicher Art an, ohne diese Flächen selbst aufzu-
weisen. Was man von ihr verlangt, ist eine zweckmäßige Form, d. h. eine der-
jenigen Formen, die sich in jahrhundertelangem Gebrauch als gut herausgebildet
haben. Die Formen sollen nicht durch Härteverzug verdorben werden. Nur dann
hat man das richtige Gefühl, um beispielsweise mittels einer bauchigen Arm- oder
Handfeile eine genau ebene Fläche zu feilen. Außerdem sollen die Formen handlich
sein.

Hieraus geht hervor, daß ein Zeitalter, das maschinenfertige Werkstücke verlangt, ein derartiges Werkzeug auf solche Gebiete zurückdrängen mußte, die das
Maschinenwerkzeug nicht erfassen kann oder für welche dieses zu teuer ist.

Obwohl die Feile grundsätzlich eines der einfachsten Werkzeuge ist, das sich
in jeder kleinsten Werkstatt, auch in der armseligsten Dorfschmiede findet, ist ihre
richtige Handhabung so schwierig, daß eine lange Zeit notwendig ist, sie restlos zu
erlernen und zu verstehen. Das liegt zum Teil in der ungeheuren Anzahl und Ver-
schiedenheit der Schneidzähne begründet, dann aber auch in der Herstellung der
aufgeworfenen Zähne, die ja nicht als positiv bezeichnet werden kann. Richtig
erlernen heißt aber auch: Richtig in der Hand festhalten (worüber nachher unter

„Griffe" zu sprechen sein wird) und pfleglich behandeln. Immer wieder muß man beobachten, daß die Feilen im Werkzeugkasten oder auf der Bank nicht trocken bleiben sondern rosten, und daß sie, wenn sie aus der Hand gelegt werden, bunt durcheinander geworfen werden: Große und kleine Feilen, feinhiebige und grobhiebige Feilen, vielleicht auch noch Zangen, Schraubenzieher und sonstige Werkzeuge zwischendurch. Das halten der Fliem und die Zähne nicht aus.

1. Feilen-Griffe oder -Hefte. Die beste Feile leistet wenig oder sie ist gefährlich für den Handhabenden, wenn ihr Griff falsch geformt oder gebrochen und dann irgendwie geflickt ist.

<table>
<tr><td colspan="14" align="center">Feilengriffe</td><td align="center">D I N
395</td></tr>
</table>

Maße in mm

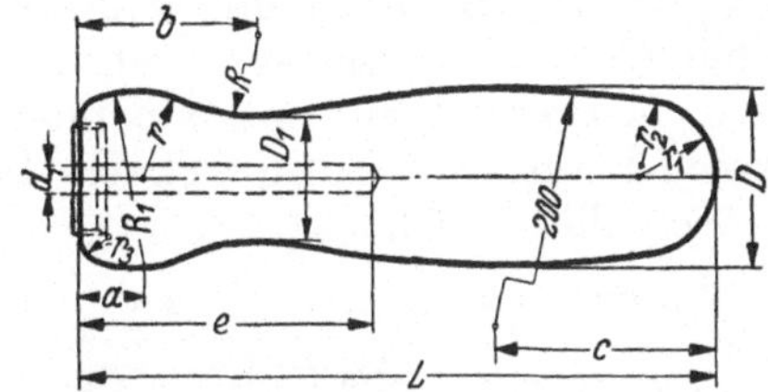

Bezeichnung eines Feilengriffes mit Zwinge, Griffdurchmesser $D = 32$ mm:

Feilengriff 32 DIN 395

D	Heft													Zugehörige Zwinge
	L	a	b	c	e	D_1	d_1	$R \atop \approx$	R_1	r	r_1	r_2	r_3	Bezeichnung
16	90	7	23	35	40	12	3	60	16	8	6	—	3	8 DIN 396
20	100	8	29	35	45	16	3,5	100	20	10	8	—	3,5	12 DIN 396
25	110	9	33	35	50	20	4	105	25	12	10	—	5	16 DIN 396
32	120	12	34	41	56	23	5	45	32	16	14	—	5	20 DIN 396
36	130	18	48	38	64	25	6	45	55	18	20	12	5	24 DIN 396
40	140	22	57	48	70	28	8	45	65	—	25	15	6	24 DIN 396

Werkstoff: Heft aus Rotbuche, andere Holzarten sind bei Bestellung vorzuschreiben. Zwingen nach DIN 396

Wiedergabe erfolgt mit Genehmigung des Deutschen Normenausschusses. Verbindlich ist die jeweils neueste Ausgabe des Normblattes im Dinformat A 4, das durch den Beuth-Vertrieb, Berlin W 15 oder Köln zu beziehn ist.

Abb. 70. Normblatt über Feilenhefte.

Zu einer guten Feile gehört ein einwandfrei ausgeführter und befestigter Griff. Ein guter Griff muß der Handform angepaßt sein, das richtige Größen- und Gewichtsverhältnis zur Feile haben, seine Oberfläche muß der Hand ein gutes Haften sichern, ohne die Schweißbildung zu stark zu fördern. Die Griffe müssen in den Abmessungen so abgestuft sein, daß für die verschiedenen Handgrößen und Feilensorten die richtigen Typen vorhanden sind, ohne aber deren Zahl zu sehr zu steigern. Der Griff darf sich beim Eintreiben der Feilenangel nicht spalten, er muß also aus dazu geeignetem Stoff bestehen und eine gute Zwinge haben.

Der Deutsche Normenausschuß hat die geeignetste Grifform erproben lassen und in DIN 395 (Abb. 70) festgelegt. Hierbei hat man sich auf sechs Größen geeinigt, die für alle gewöhnlichen Fälle genügen. Zu beachten ist, daß diese genormten

Griffe schlanker sind, als sie früher üblich waren, besonders in den kleinen Größen, so daß einige davon eher in eine Frauenhand passen als in eine wuchtige Männerhand. Die DIN-Griffe haben eingelassene Zwingen, während die früheren Zwingen aufgesetzt waren; sie können sich deshalb nicht mehr vom Griff lösen. Auf die interessanten Forschungen von HERIG über Grifformen für Handwerkzeuge, Bedienungsgriffe, ärztliche Instrumente usw., mit dem Ziele, die Griffe der Hand möglichst sorgfältig anzupassen, sei hier ausdrücklich hingewiesen. Reine Drehkörper, wie die genormten Griffe, können die von HERIG gestellten Bedingungen nur unzulänglich erfüllen[1].

Feilengriffe müssen einwandfrei festsitzen, sonst können durch Lösen bei schweren Arbeiten böse Hand- und Gesichtsverletzungen entstehen. Die Unsitte, den gleichen Griff für mehrere Feilen zu benutzen, ist gefährlich und die Ersparnis ganz belanglos. Man soll deshalb auch geplatzte Griffe fortwerfen und nicht weiter benutzen, vielleicht sogar nach umständlicher Reparatur durch Draht oder Leim. Das Angelloch im Griff muß, damit die Feilen fest im Griff sitzen, gut vorgebohrt werden. Wird dies versäumt und die Feile mit Gewalt eingeschlagen, oder wird eine für den Griff zu große Feile eingetrieben, so platzt er auf, und zwar am unteren Ende, wenn die Angel zu lang ist, und am oberen Ende, wenn sie zu dick ist. Das beliebte Einbrennen erfordert Vorsicht (vgl. auch Bild S. 59).

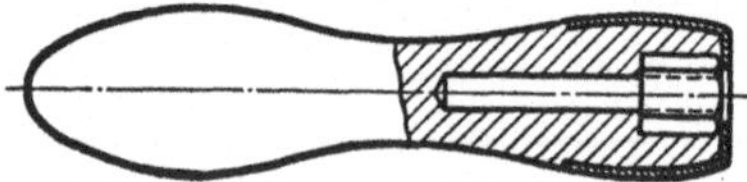

Abb. 71. Holzheft mit Gewindemutter.

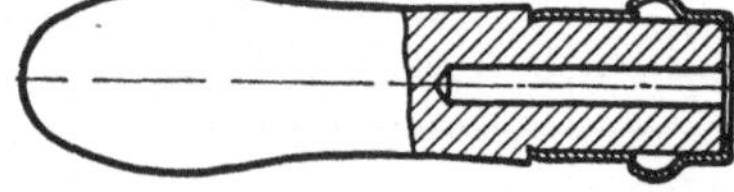

Abb. 72. Holzheft mit Zwinge in Flaschenkopfform.

Das Aufplatzen am oberen Ende wird vielfach durch Umwickeln mit Draht hinter der Zwinge verhindert. (Bei den DIN-Griffen ist keine Umwicklung mit Draht vorgesehen.) Der Draht muß gut festgewickelt sein und an mehreren Stellen verlötet werden, da er sich sonst löst und dann von dem Arbeiter sofort abgenommen wird.

Das Lösen der aufgesetzten Zwingen oder der Drahtumwicklungen hat auch oft seine Ursache im Eintrocknen des Holzheftes. Es ist deshalb darauf zu achten, daß für Holzgriffe nur gutes trockenes Rotbuchenholz verwendet wird, und daß die Hefte in nicht zu warmen Räumen gelagert werden (nicht in der Nähe der Heizung!).

Die Übelstände der Holzgriffe (schwierige und unzuverlässige Befestigung, Aufplatzen usw.) haben zu Ausführungen geführt, bei denen diese Fehler vermieden werden. Einige dieser Konstruktionen sollen nachstehend beschrieben werden:

Abb. 71 zeigt einen Holzgriff, der oben mit einer Gewindemutter versehen ist. Das Gewinde ist leicht gehärtet, der Griff soll auf die Feile aufgeschraubt werden, dabei schneidet die Mutter sich ein Gegengewinde in die weiche Angel der Feile. Die Vorzüge sollen in geradem und genauem Sitz der Feile im Griff bestehen. Außerdem soll der Griff nicht mehr platzen.

Abb. 72 zeigt ein Heft, bei dem der ganze obere Teil von einer Zwinge in Form eines Flaschenkopfes überzogen ist. Im neuen Zustand ist zwischen Zwinge und Holz ein Hohlraum vorhanden, der beim Einschlagen der Angel durch das eingetriebene Holz ausgefüllt wird. Das Aufplatzen des Griffs am Kopf kann hierdurch vermieden werden, das Aufplatzen am Grund jedoch nicht, falls die Angel zu lang ist.

Einen ähnlichen Erfolg will eine andere Ausführung (Abb. 73) dadurch erreichen, daß neben dem Hauptloch des Griffs im Umkreis kleine Nebenlöcher gebohrt sind, die sich beim Einschlagen des Holzgriffs schließen und damit ein Platzen vermeiden, da die Spannung des Holzes verringert wird. Auch eingesägte Griffe gibt es.

Die geltende DIN 395 (von 1933) sieht als Griffmaterial außer Holz auch Papierwerkstoff vor. Abb. 74 zeigt einen aus Preßstoff mit Einsatzbacken und Schraubenkopf bestehenden Griff für Nadelfeilen von 12···20 cm, also nur für leichte Arbeiten.

Einige Lieferanten sind ganz und gar von der Verwendung von Holz abgegangen und haben nur Griffe in der gewöhnlichen Form, jedoch aus Hartpapier, Fiber oder

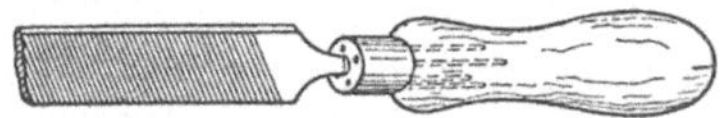

Abb. 73. Holzheft mit Nebenlöchern.

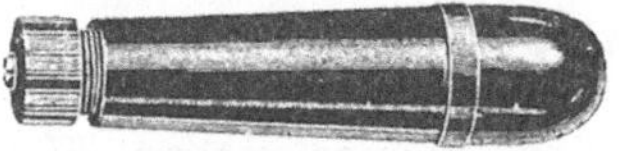

Abb. 74. Feilengriff aus Preßstoff
(*F. Dick*).

Metall (Aluminium). Manche dieser Griffe haben ihre technischen Vorzüge, die lackierten und metallenen haben aber für die angestrengte Werkstättenarbeit eine zu dichte Oberfläche, so daß die Hand des Arbeiters feucht wird, was dieser als sehr unangenehm empfindet.

Für kleine Feilen gibt es auch Wechselgriffe nach Abb. 75. Abb. 76 zeigt einen Feilenhalter für die Bearbeitung großer Flächen, die einer mit Heft bewehrten Feile unzugänglich sind, weil sie anstoßen würde.

Abb. 75. Wechselgriff für kleine Feilen.

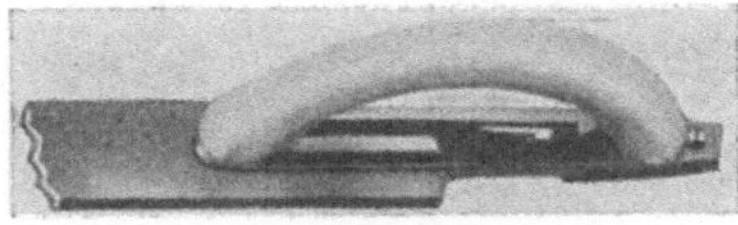

Abb. 76. Feilenhalter für Bearbeitung
großer Flächen.

Wenn man auch zugeben muß, daß die besprochenen Sondergriffe in vielen Fällen besser sind als gewöhnliche Holzhefte, so ist doch ihr Preis so hoch, daß für ein Stück mehrere Holzhefte angeschafft werden können. Sie konnten sich deshalb nur dort einführen, wo es der Form wegen gar nicht ohne sie geht.

2. Abnutzung und Spanleistung der Feile. Bevor die eigentlichen Feilregeln genannt werden, sei der Abnutzungsvorgang betrachtet.

Gewöhnlich nutzt sich die Feile in dreifacher Art ab: Zunächst brechen die feinen Grate (Fliem) der Zähne ab. Um dies hintanzuhalten, feilt man mit den neuen Feilen zweckmäßig zuerst Messing oder Bronze, später nach dem Abbrechen der Grate auch Eisen und Stahl. Um zu verhindern, daß sich abgebrochene Grate in den gefeilten Stoff drücken, kann man die neuen Schlichtfeilen vor dem Gebrauch mit Kreide oder Öl bestreichen, was aber nur für Eisen und Stahl und zähe Leichtmetalle gilt. Drehbankfeilen brauchen ebenfalls nicht mit Kreide eingerieben zu werden, da ihr Hieb ähnlich wie der Bronzehieb ausgeführt ist. Das Einreiben der Feile verringert die Leistung, kommt also nur in Betracht, wenn die Sauberkeit der Arbeitsflächen am wichtigsten ist, also beim Feinschlichten. Das eingetrocknete Öl ist durch Ausbürsten der erwärmten Feile in Richtung des Oberhiebes zu entfernen.

Später stumpfen die Zähne allmählich ab, wie bei jedem anderen Schneidwerkzeug auch. Daß man diesen Vorgang nicht unvernünftigerweise beschleunigen soll (etwa durch Befeilen verzunderter Werkstücke) ist selbstverständlich.

Außerdem aber brechen Zähne aus, und zwar besonders dann, wenn man sehr harten Werkstoff, unterbrochene Flächen, Kanten usw. feilt. Das ist ein natürlicher Vorgang und spricht, wenn bei sachgemäßem Arbeiten die Zähne nicht gerade wegfliegen, nicht gegen die Güte der Feile. Die Feilenzähne sind nun einmal glashart, und mehr als ein Biegungsmoment bestimmter Größe halten sie nicht aus. Der einzelne Zahn spielt — zumal beim Schruppen — angesichts der ungeheuer großen Zahl von Einzelzähnen keine bedeutende Rolle, und dazu erhält der stumpf gewordene Zahn durch das Abbrechen wieder scharfe, wenn auch nicht gerade formgerechte Kanten, schneidet also bei fortschreitendem Abstumpfen der Feile wieder mit. Aber man muß durch vorsichtiges Feilen versuchen, dieses Abbrechen möglichst gering zu halten; vor allem auch dadurch, daß man zum Kantenfeilen keine neuen Feilen verwendet, und die neue Feile im Anfang nur für Messing und Bronze benutzt.

Die Spanabnahme beim Feilen muß nach Vorstehendem mit zunehmender Abstumpfung kleiner werden. Versuche[1] haben ergeben: Spanmenge für 250 Feilenstriche bei einer neuen Feile rd. 0,6 cm³, nach 12000 Feilenstrichen (rd. ein Arbeitstag) noch 0,35 cm³ und nach 80000 Feilenstrichen (rd. eine Woche) nur noch 0,2 cm³. Daraus geht hervor, wie überaus schwer es ist, Richtwerte über Feilleistungen, z. B. mit dem Ziel der Arbeitszeitermittlung aufzustellen. Bei Schrupparbeiten legt man für die Aufstellung von Richtwerten zweckmäßig die Spanabnahme, bei Schlichtarbeiten dagegen die geschlichtete Fläche zugrunde. Man kommt dann auf folgende Mittelwerte:

	Schruppen von Grauguß	Stahl		Messing, Bronze	Leichtmetalle
		weich	härter		
Spanmenge cm³/min	0,1	0,067	0,033	0,125	0,2

Schlichten von Formflächen an Werkstücken aus Werkzeugstahl:

Breite der Fläche bis mm	10	20	40	60
Flächenleistung cm²/min	6,7	5	4	3,3

3. Feilregeln. Der Schraubstock soll nach einem alten Erfahrungssatz so hoch sein, daß seine obere Backenkante mit den Ellbogen berührt werden kann, wenn die geballte Faust am Kinn des Arbeiters liegt. Man findet in den Werkstätten sehr oft tiefer liegende Schraubstöcke, an denen man sich beim Arbeiten stark bücken muß. Die Leistungsfähigkeit wird hierdurch sehr herabgemindert.

Die Größe der Feile richtet sich selbstverständlich nach der Größe des Arbeitsstückes, nach der Menge des wegzunehmenden Werkstoffes, und nach der verlangten Sauberkeit. Es ist zwecklos, zum Schlichten einer kleinen Fläche von einigen cm² eine 20″ Schlichtfeile zu benutzen. Wird viel Werkstoff weggenommen, so muß zuerst mit einer großen Strohfeile vorgefeilt werden, dann mit einer mittleren Vorfeile bis ungefähr auf Maß und zuletzt mit einer Schlichtfeile geschlichtet werden.

Die Feile soll so festgehalten werden, daß der gewölbte Teil des Griffes am Handballen fest anliegt. Der Zeigefinger liegt nur bei kleinen Feilen obenauf. Die Feile wird — falls nicht gerade „geschrotet" wird — vor allem mit den Armen, nicht mit dem Oberkörper hin- und herbewegt. Der zu stark pendelnde Oberkörper bringt eine Bogenbewegung in die Feile und eine Wölbung auf die Arbeitsfläche.

Die Füße sollen beim Feilen fest stehenbleiben. Das rechte Knie bleibt durchgedrückt. Aus Abb. 77 gehen die Einzelbewegungen beim Vorwärtsstoßen und Zurückziehen der Feile hervor. Am Anfang des Vorstoßens steht der Körper in Ausfallstellung unter einem Winkel von etwa 10° nach vorn geneigt. Das erste Drittel des Vorstoßes erfolgt durch den Oberkörper; der rechte Arm bleibt so weit wie möglich nach hinten angezogen. Hierbei neigt sich der Körper bis zu etwa 15° nach vorn. Erst dann beginnt der Arm vorzustoßen und vollendet den Vorschub-

---

[1] GOTTWEIN: Schlosserei- und Montage-Arbeitszeitermittlung. Berlin: Springer 1928.

weg, wobei sich der Oberkörper nur noch sehr wenig — etwa bis zu 18° — nachneigt.
Dann geht der Körper zurück und damit auch die Feile. Abb. 78 zeigt die Stellung
der Füße beim Feilen.

Die Leistung des Feilenden ist natürlich in hohem Maße von der Hubzahl
abhängig. Zu geringe Hubzahl ergibt zu geringe Leistung, zu hohe ermüdet zu
rasch. Durch praktische Versuche haben sich mit mittelgroßen Feilen Hubzahlen
von 45···55 je min, unabhängig von der Körpergröße, als am günstigsten erwiesen.

Auf Feilmaschinen pflegt man
mit mittleren Arbeitsgeschwin-
digkeiten von 20 bis 25 m/min
zu arbeiten.

Der Druck, den ein gelern-
ter Schlosser auf eine mittel-
schwere Feile und auf mittel-
harten Werkstoff ausübt, wurde zu 15···18 kg im Mittel
(Höchstdruck etwa 22 kg) ermittelt. Dieser Druck ist die

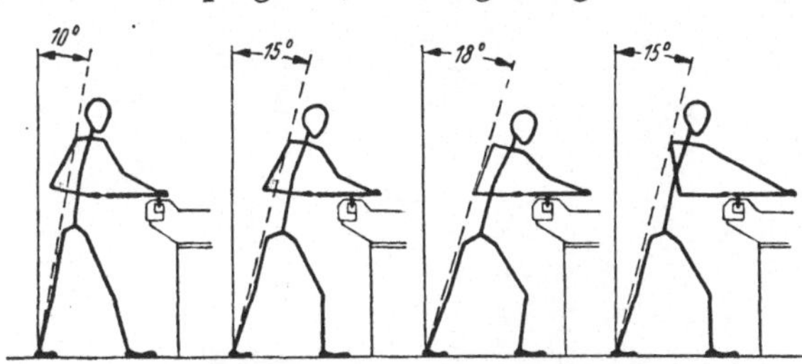

Abb. 77. Einzelbewegungen beim Vorwärtsstoßen und Zurückziehen
der Feile (Kruppsche Monatshefte, Mai 1926).

Resultierende aus Verschiebekraft in Richtung der Feile und Anpressungsdruck
senkrecht gegen das Werkstück. Der Druck auf beide Feilenenden ist so zu regeln,
daß eine genau geradlinige Bewegung entsteht. Beim Zurückziehen muß die Feile
stets ohne Druck, nur unter ihrem eigenen Gewicht gleiten, sonst schleift man die
Zähne von hinten stumpf.

Notwendig ist, die Feile mit ihrer ganzen Länge und nicht nur stellenweise über
das fest im Schraubstock gespannte Arbeitsstück zu führen. Dabei wird beim
Vorwärtsschieben ein leichter Druck (etwa in Richtung von 15°) nach der rechten
Seite gegeben, damit die Feile nicht verläuft. Sie folgt sonst der Richtung des
Kreuzhiebes, und die Zähne kommen nicht ganz zum Angriff. Das Feilen von links
nach rechts läßt die Späne leichter ausfallen und gestattet die Beobachtung der
gefeilten Stelle.

Wie oben gesagt, kann eine *ebene* Fläche nur dann erreicht werden, wenn die
Feile bauchig ist und zwar je bauchiger, desto besser. Gerade prismatische Feilen,
z. B. die Abzugsfeilen, ergeben niemals,
auch in der Hand des geschicktesten
Mannes, eine ebene Fläche, da die Neigung
besteht, die Kanten und Ecken stärker
abzunehmen. Deshalb benutzt man bei
genauen Arbeiten auch gern eine Dreikant-
feile, da diese noch stärker bauchig ist als
Flachfeilen; außerdem gestattet die Spitze
derartiger Feilen auch das Wegfeilen
der kleinsten Buckel. Die Bearbeitungs-

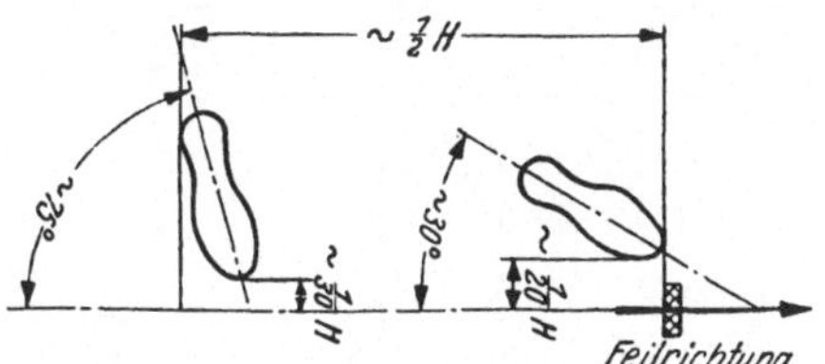

Abb. 78. Stellung der Füße beim Feilen (wie Abb. 77).
H Körpergröße.

richtung muß bei solchen Arbeiten immer wieder geändert werden. Es wird z. B.
erst von rechts nach links, dann von links nach rechts gefeilt, und zwischendurch
immer wieder geradeaus.

4. Das Sauberhalten der Feile. Am besten werden dazu die gewöhnlichen Feilenbürsten aus Messing- oder auch Stahldraht gebraucht, die ja allgemein bekannt
sind. Weniger bekannt ist leider, daß die Feilen nur in Richtung des Oberhiebes
gebürstet werden dürfen, da sie sonst durch die harten Drähte sehr schnell stumpfen.

Reichlicher Gebrauch der Feilenbürsten ist besonders notwendig, wenn die
Feilen abwechselnd auf Isolierstoff und Metall gebraucht werden, da die Späne in

Einspannen und Ausfeilen.

falsch   *richtig*

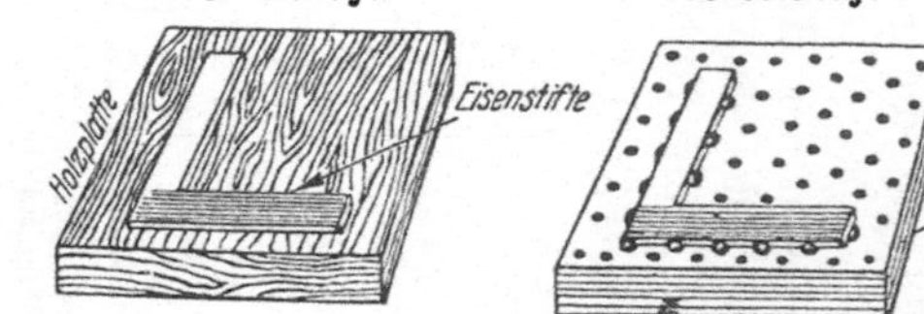

Spanne Werkstücke nicht über Eck ein.

Verwende den Reifkloben.

unvorteilhaft   *vorteilhaft*

Sind größere Stücke herauszufeilen, so feile nicht die ganze Fläche auf einmal.

Zerlege die Fläche durch Feilen über Eck in mehrere kleine Teile

falsch   *richtig*

Übe auf kleine Feilen mit der linken Hand keinen Druck aus.

Unterstütze kleine Feilen mit dem Zeigefinger der linken Hand.

Bewegungsrichtung.

Feilen von Flächen.

falsch   *richtig*

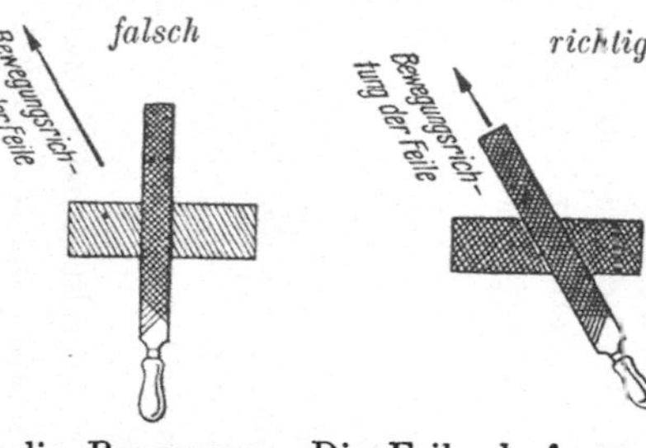

Liegt die Bewegungsrichtung nicht in der Längsrichtung der Feile, so reißt sie.

Die Feile darf nur in ihrer Längsrichtung bewegt werden.

Formfeilen.

falsch   *richtig*

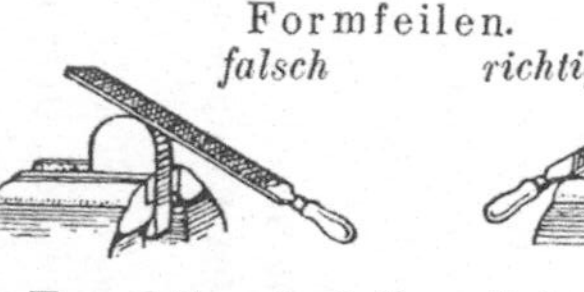

Beim Formfeilen darf die Rundung nicht längs gefeilt werden.

Beim Formfeilen Rundungen quer feilen.

Schlichten.

falsch   *richtig*

Bewege das Feilenende nicht von oben nach unten.

Bewege das Feilenende von unten nach oben.

Ein- und Aufspannen.

Bearbeiten von Blechen.

unvorteilhaft   *vorteilhaft*

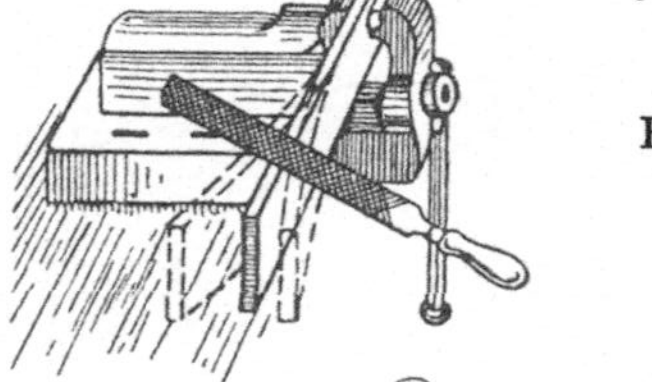

Das Werkstück wird bald lose, wodurch eine genaue Arbeit unmöglich wird.

Eine eiserne Aufspannplatte mit Löchern hält das Werkstück unverrückbar fest, gestattet genaue Arbeit beim Feilen, Hobeln und Fräsen.

Magnetische Aufspannplatte zieht unebene Werkstücke beim Bearbeiten eben, sie federn nach dem Abspannen wieder in ihre unebene Lage zurück.

falsch

Feile Bleche nie freitragend.

richtig

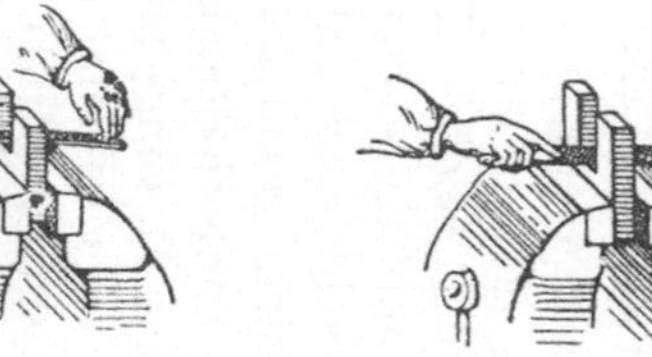

Benutze zum Feilen von Blechen die Blechspannkluppe.

Abb. 79. Blätter des Deutschen Ausschusses für Technisches Schulwesen über Feilregeln.

Feilen-hiebarten.

Hieb für Weichmetall (Zink, Aluminium, Blei).

Hieb für härtere Metalle (Messing, Kupfer, Eisen, Stahl.)

Raspelhieb
fein: zum Schruppen von Weichmetall,
grob: für Holz.

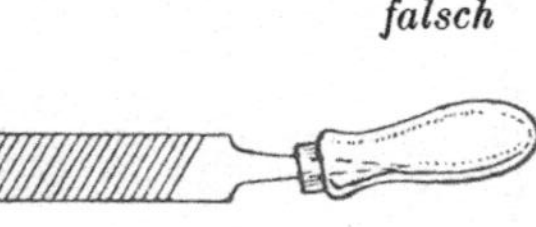

Feilenheft-befestigung.

Heft sitzt schief auf der Angel.

falsch

Angel steckt zu wenig im Heft.

falsch

richtig

Feilenheft beim Befestigen der Feile *nicht aus-brennen*, sondern durch Drehen des vorgebohrten Heftes auf der Feilenangel ausreiben und Feile durch senkrechtes Stoßen des Heftes auf eine harte Unterlage festziehen!

Feilenhaltung.

a) Größere Feilen.

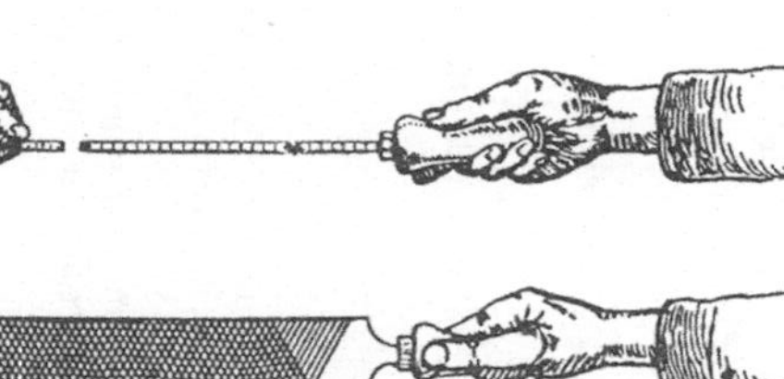

Feilenheft fest umfassen, Heftende gegen den Handballen pressen, Daumen muß oben liegen. Die rechte Hand gibt der Feile Führung und Bewegung, die linke Hand hält sie in der Waage, und der Handballen liegt bei großen Feilen nur leicht auf.

Kleinere Feilen mit Daumen und Zeigefinger der linken Hand nur leicht führen.

b) Kleine Feilen.

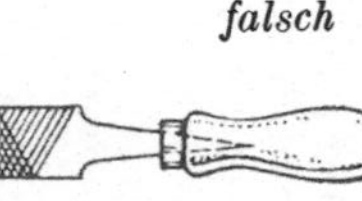

Beim Feilen mit kleinen Feilen, die nur mit einer Hand geführt werden, liegt der Zeigefinger oben.

Einspannen und Bewegungsrichtung.

falsch — *richtig*

Arbeitsstück federt, steht zu lang hervor.

Arbeitsstück kann nicht federn, ist kurz eingespannt.

richtig

falsch

Arbeitsstück nicht seitlich freitragend einspannen.

falsch — *richtig*

Lange Werkstücke nicht längs feilen.

Lange Werkstücke quer feilen.

falsch — *richtig*

Feilstrich nicht immer in einer Richtung führen, da nicht zu erkennen ist, wo Werkstoff weggenommen wird.

Feilstrichrichtung zeitweilig wechseln, damit durch Schattierung zu sehen ist, wo die Feile Werkstoff wegnimmt.

Prismabeilage zum Einspannen runder Werkstücke benützen.

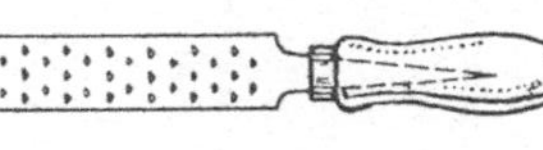

Abb. 80. Blätter des Deutschen Ausschusses für Technisches Schulwesen über Feilregeln. (vgl. Fußnote S. 60).

diesem Fall — falls sie nicht entfernt werden — sich bald so fest in die Zahnlücken setzen und außerdem verharzen und verkleben, daß sie nachher nur mit großer Mühe zu entfernen sind.

Wenn viel weicher Stoff mit der Feile bearbeitet wird, kann man auch die Feile mit einem Streifen weichgeglühten Messingblechs säubern. Das Blech wird in der Richtung des Oberhiebes durchgeschoben. Festgesetzte Metallstückchen können damit leicht entfernt werden.

Für die Feilenbürsten wird oft Ersatzbelag angeboten. Dieser besteht aus einem zähnetragenden Band, das auf die Bürstenhölzer aufgenagelt wird. Ein derartiges Reparieren von Feilenbürsten dürfte sich aber in den wenigsten Fällen empfehlen, da die Kosten der Reparatur meistenteils höher liegen als neue Bürsten.

Es ist auch eine Reihe Feilenbürstmaschinen auf dem Markt erschienen, bei denen eine Rundbürste über die Feile hinweggeführt wird. Solche Maschinen werden auch zum Nachschärfen empfohlen; aber dieses Nachschärfen ist wohl eher (wie oben ausgeführt) ein Reinigen.

5. Arbeitsregeln und Arbeitsbilder[1]. Die wichtigsten Feilregeln hat die Arbeitsgemeinschaft für Ausbildung und Fortbildung (= *Agaf*), früher *DATSCH* (Deutscher Ausschuß für Technisches Schulwesen) in Form von Bild- und Texttafeln im Rahmen ihrer Lehrmittelsammlung zusammengestellt, die beachtenswerte Einzelheiten enthalten (siehe Abb. 79 u. 80).

1. Setze beim Feilen den linken Fuß vor, den Oberkörper halte möglichst ruhig und bewege hauptsächlich nur die Arme.
2. Nütze die ganze Fläche der Feile aus (lang durchziehen).
3. Reißt die Feile, so putze sie mit Feilenbürste und Feilenreiniger aus und bestreiche sie mit Kreide oder Schwefel.
4. Lege nie eine unausgeputzte Feile in den Werkzeugkasten.
5. Schabe nicht mit der Feile.
6. Befeile nie gehärtete Gegenstände (Schraubstockbacken).
7. Gußhaut und bezunderte Flächen bearbeite nur mit gebrauchten, halbscharfen Feilen.
8. Benütze nur eine Seite der Feile und die zweite erst dann, wenn die erste stumpf oder wenn eine scharfe Feilenseite durchaus erforderlich ist.
9. Schruppe zuerst alle Flächen nahe aufs Maß vor, und dann erst schlichte sie.
10. Passe die Feile immer der Größe der Arbeitsfläche an. Zu großen Arbeitsflächen benütze auch große Feilen und umgekehrt.
11. Gebrauche die Vorfeile, wenn mehr als ungefähr 0,5 mm wegzufeilen ist.
12. Gebrauche die Vorfeile *nicht* zum Nachfeilen fertiger Teile.
13. Gebrauche die Vorfeile *nicht* zum Abgraten.
14. Gebrauche die Schlichtfeile, wenn weniger als ungefähr 0,5 mm wegzufeilen ist.
15. Gebrauche die Schlichtfeile *nicht* zum Nacharbeiten fein gearbeiteter Teile.
16. Gebrauche die Schlichtfeile *nicht* zum Feilen von Weichmetall (Blei, Zinn).
17. Gebrauche die Doppelschlichtfeile nur, wenn weniger als ungefähr 0,2 mm wegzufeilen ist.
18. Gebrauche die Doppelschlichtfeile zum Abgraten fertiger Teile.
19. Gebrauche die Doppelschlichtfeile *nicht* zum Bearbeiten roher Teile.
20. Um dünne Bleche zu feilen, löte sie auf oder spanne mehrere zusammen.
21. Lege die Feilen immer rechts vom Schraubstock.
22. Lege nie Feilen aufeinander.
23. Es sollen nicht mehr Feilen auf dem Arbeitsplatz liegen als gerade gebraucht werden.
24. Arbeite nie an einem losen Schraubstock; ist er locker, so befestige ihn.
25. Hämmere nur auf dem Amboßansatz des Schraubstockes, nicht auf seinen Backen.

6. Arbeitsbeispiel. Wer nun immer noch glaubt, die Feile sei das Aschenputtel oder gar der Prügeljunge der Werkstatt, der lese die nachstehenden Regeln der

---

[1] Die in diesem Abschnitt sowie in Abb. 79 u. 80 enthaltenen Arbeitsregeln und Arbeitsbilder werden mit Genehmigung der Agaf, Berlin-Charlottenburg, Grolmanstr. 39, wiedergegeben und können auch dort als Lehrtafeln bezogen werden.

Firma F. Dick für die Auswahl und Anwendung der *Sägen-Schärffeilen*, als einzelnes Beispiel unmittelbar aus der Praxis für die Menge der zu beachtenden praktischen Handhabungsregeln.

Auch wer nach diesen Regeln arbeitet, trägt zum Geldsparen in der Wirtschaft bei. Es handelt sich zwar nur um eine ordinäre Feile, — aber sie hat's in sich!

Bei jeder Sägenschärfung ist es erforderlich, durch das Ausfeilen auch des Zahngrundes, die ursprüngliche Zahnform beizubehalten.

Zum Schärfen von Bandsägeblättern nehme man stets Bandsägefeilen mit runden Kanten. Scharfkantige Sägefeilen sollen nicht benützt werden. Dort, wo auch nur 1 Zahn mit einer scharfkantigen Feile behandelt wird, wird die Säge mit Bestimmtheit reißen.

Die Sägenfeile, gleich welcher Art, soll mit langen Feilstrichen und sicherem, gleichmäßigem, jedoch nicht zu starkem Druck geführt werden. Beim Zurückziehen darf vor allem auch nicht auf die Feile gedrückt werden. Noch besser ist es, sie aus dem Sägenzahn herauszuheben. Bei längerem Gebrauch der Feile kann der Druck allmählich erhöht werden, ohne Gefahr für das Ausbrechen der Zähne.

Man schärfe besser einmal zu viel als einmal zu wenig, nütze also die Säge nie bis zur gänzlichen Abstumpfung aus. Mit dem Schärfen muß bereits begonnen werden, wenn der Schnitt nachläßt.

Beim Schärfen der Sägenzähne muß die Sägenfeile waagerecht und winkelig zum Sägeblatt unter Beachtung der Zahnstellung gehalten werden. Wird die Feile zu sehr nach links umgebogen, dann greift sie die Brust des Zahnes zu stark an. Andererseits, wenn die Feile zu sehr nach rechts umgebogen wird, d. h. zu flach gehalten, wird der Zahnrücken zu stark angefaßt. Bei der richtigen Haltung der Sägenfeile liegt diese auf allen Seiten an, besonders auch im Zahngrund.

Die Feilenformen sind stets dem zu schärfenden Sägenprofil anzupassen.

Die Zahnspitzen einer Säge müssen alle in einer geraden Linie, d. h. gleich hoch liegen. Sie sind, wenn notwendig, vorher mit der Feile entsprechend abzurichten. Die Zähne müssen dann weiterhin gleich groß sein und die gleiche Richtung haben.

Die Sägespäne müssen in den Zahnlücken reichlich Platz finden. Es ergibt sich daraus, daß, je mehr Sägespäne abfallen, desto größer die Zahnlücken sein müssen.

Die Säge darf nicht zu stark geschränkt sein, niemals kräftiger als die Stärke des Blattes. Ein Blatt von 0,7 mm Stärke sollte äußerst auf 1,4 mm geschränkt werden. Schränke die Säge gleichmäßig nach beiden Seiten und nur in den Zahnspitzen. Wer zu tief schränkt, verursacht Beulen im Blatt.

Das Sägenblatt muß beim Schärfen fest und möglichst tief eingespannt sein, da ein Vibrieren die Wirkung des Feilens in hohem Grade vermindert und außerdem eine große Gefahr für das Abbrechen der Spitzen der scharfen Feilzähne in sich birgt.

Doppelhiebige Sägenfeilen sollten nicht verwendet werden, da mit diesen leicht ein Grat entsteht.

Zum Schärfen von besonders harten Sägen benütze man feiner gezahnte Feilen als üblich. Außerdem ist darauf zu achten, daß an der Feile kein Öl haftet.

Zum Ausfeilen des Zahngrundes einer neuen Säge empfiehlt es sich, erstmals eine etwas abgenützte Feile zu nehmen.

Bei starkem Frost sollen Sägen nicht im Freien geschränkt werden, will man nicht ein Abbrechen der Zähne riskieren.

Sägenfeilen sind anders zu reinigen als Feilen für Stahl und Eisen. Vorteilhaft benützt wird hierfür warmes Wasser und ein scharfer Borstenpinsel. Durch vorsichtiges leichtes Erwärmen wird eine rasche unschädliche Trocknung erzielt.

Verwende nie eine Sägenfeile als Schränkstahl zum Schränken der Zähne.

Zum guten sicheren Feilen ist ein gutes Heft notwendig. Die Feile muß fest darin sitzen.

Werfe die fein gezahnte Sägenfeile nie mit anderen Werkzeugen zusammen, damit sie nicht unnötig und vorzeitig abstumpft.

Sägenfeilen sollten niemals nach dem Preis, sondern ausschließlich nach der Qualität gekauft werden. Eine teuere Feile macht sich immer durch weit größere Schnittfähigkeit und Lebensdauer rasch bezahlt. Bei größeren Sorten ist das Wiederaufhauen empfehlenswert!

(721/20/53) 57 275 4022

(Fortsetzung 4. Umschlagseite)